# ごっくん馬路村の男。

高知県馬路村農協　元組合長　東谷　望史
ないないづくしからの逆転劇

依光　隆明　著

LEADERS NOTE®

# ないないづくしからの逆転劇

依光隆明

メモを取りながらうなづいたり、うーんとうなったりしたことを覚えている。東谷望史さんの話はそれほど合理的であり、かつ意表をついていた。

ユズ飲料「ごっくん馬路村」やぽん酢しょうゆ「ゆずの村」で知られる馬路村は、高知県東部、徳島県境に位置している。かといって徳島へ道が抜けているわけではない。通りがかりの人が立ち寄る村ではなく、馬路村に行こうとする人だけが行くような辺境の村である。

平家の落人が住み始めたというその村は、見渡す限り山ばかり。魚梁瀬の美林を始め木材資源は日本屈指の豊かさを誇り、特に国有林は村内に有力営林署を二つ抱えていた。明治末期から森林鉄道網が奥地へと延び、ごく最近まで村の合言葉は林業立村だった。

林業の村にあって、東谷望史さんは21歳で農協に職を得る。優良農地がない、専業農家はいない、農協の経営基盤は薄弱、行政の目は林業に向いているという村でどうやって農業を振興させるか。ひたすら東谷さんは考え、悩み、試行錯誤を繰り返した。東谷さんからの聞き取りは、その道程をたどる旅でもあった。

旅の成果は「村を作りかえたごっくん男―馬路村農協前組合長 東谷望史物語」と名付けて２０２２（令和４）年10月から２０２４（令和６）年３月末まで高知新聞紙上に連載した。この連載は毎週日曜日に掲載され、多くの人に読んでいただいた。「ぜひ本に」という愛読者の声に応えたのがこの本である。

もともと私は１９８５（昭和60）年から3年間、馬路村をエリアとする高知新聞中芸支局長を務めていた。当時、すでに東谷さんは村の若手リーダー格。ただし勤め先の馬路村農協は県内でも下から何番目クラスの弱小組織だった。そんな農協が、20年もすると日本でも指折りの農協へと生まれ変わる。手品のようなその秘密はユズにあった。なんない尽くしの中、東谷さんはユズに目を付ける。正確には「ユズしかない」と腹を決める。

お隣、北川村にくらべると馬路のユズは見た目が悪かった。仕方なくユズ酢にして売った。しかしそれでは農家所得が上がらない。打開策として探ったのは加工だった。汗をかき、失敗を繰り返して生まれたのが「ごっくん馬路村」やぽん酢しょうゆ「ゆずの村」である。その道程はひとことでは語りつくせない。東谷さんの思考に分け入ってこそ成功の一端が分かる。

連載を単行本にして出す意味は東谷さんの行動と発想、そして人生を通読できることかもしれない。汲んでも汲んでも汲みつくせないほど東谷さんは心に響く言葉を次々と紡ぎ出してくれた。経営論に援用したいような言葉もたくさんあった。紙幅と私の能力の関係でそれらの多くはそぎ落とさざるを得なかったのだが、それでも東谷さんの発想と行動の一端は伝わるように思う。

ぜひ本文を読み始めてほしい。私と同じように、気がついたら東谷さんの術中にはまっているかもしれない。

（元高知新聞記者、元朝日新聞記者）

# 目次

# 1　人生は引き算だ

１９７０（昭和45）年、高校３年生だった。南国市後免町のパチンコ店でパチンコ台に向かっていた。

補導員が入ってきた。横に来てこう言った。

「あんた、年いくつ？」

「ジューハチ」

「なにしゆ？」

「ドカタやりゆう」

「名前は？」

「○□△×」

でたらめな名前を答えたが、そんなことは「相手もわかっちゅうわねえ」と笑う。

幸い補導は免れた。

安芸郡馬路村に生まれ、馬路中から田野町の県立中芸高校に進学した。が、嫌になって1年で退学する。大工になろうと思った。世話をしてくれる人が親方を構えてくれた後、考えた。

「大工になるか、もう一回学校に行くかと考えて。学校に行こう、と」

長岡郡大津村（現高知市）の民家に下宿し、私立高知中央高校に通った。1年からやり直したので、同級生は年下だった。

下宿の隣が寮で、食事は寮でとった。寮の隣に剣道場があった。

「食事に行くときに剣道の練習を見よったき、なんとなくやってみたくなって」

剣道部に入った。

「小学校のときに野山でチャンバラをやったイメージで入ったけんど……。剣道は違うた」

当時の中央高剣道部は「そこそこ強かった」らしい。まじめに練習し、初段を取った。

剣道は1年でやめ、パチンコにはまった。

「大学に行くゆうて勉強しゆ組やなかったし。まあ、なんとなく楽しゅうやりゆう組やったき……」

もともと一つのことにのめりこんだら徹底的にのめりこむタイプである。パチンコにのめりこんだ。

高校を卒業するとき、先生から「ここにしいや、ここやったら入れる」と言われ、当時まだ勢いがあった高知スーパー（２００6年廃業）に入る。パチンコは続けた。休日、朝10時から12時間打ち続けることもあった。食べるものもろくに食べずにパチンコを打った。

パチンコをやめたのは馬路村農協に転職後。21歳のときだった。

「ふっと『なんて無駄なことをしゆがやろう、人生もったいないな』と。人生の時間って70万時間とか80万時間やろう。パチンコ屋に1日座ったら12時間無駄になるわけやんか。『人生って時間の引き算やなあ』と思うて……」

24時間×３６５日×80年で70万８８００時間。人生の残り時間を考えた青年は、パチンコに注いだ情熱を村の生き残りのために使い始める。消去法で見いだしたのがユズである。

村の将来を託すのはユズしかない、と考えた青年はパチンコにかけた情熱の何倍

◀東谷望史さんと「ごっくん馬路村」。極限まで知恵を絞ってヒット商品を生み出した

ごっくん
はちみつ入り ゆず飲料

もの熱量をユズに注ぎ、やがて馬路を日本一のユズの村にする。林業の村をユズの村に変えたのである。象徴ともいえるスーパー飲料、「ごっくん馬路村」が誕生するのは、パチンコをやめた15年後のことだった。

## 2―合併必至の農協が……

物語に入る前に、馬路の今と昔に触れておきたい。

おいおい書いていくが、東谷さんが農協に入った1973（昭和48）年ごろ、馬路の農業はないないづくしだった。農地が少ない。専業農家がいない。村の施策は林業ばかり。農協にはお金がない。東谷さんは「この農協は早く合併するしかない」と思っていた。

「この農協、自分の定年までもつかなあと考えたり……。そんな中で、ちょっとでも農家の暮らしがようならんろうか、ちょっとでもユズが売れるようにしたいという思いが強かったねえ」

かつての馬路村は国有林の村として知られた。村の96%が山で、その75%が国有林。山ひだを縫うように森林鉄道が延び、無尽蔵とまで言われた森林資源を搬出し続けた。営林署関係の雇用が村を支えた。

極端な言い方をすれば、営林署とともに栄え、営林署とともに消えていく村だったのかもしれない。そこにたった一人で立ち向かったのが東谷さんだった。誇張ではない。一人で考え、一人で旗を振り、行動した。

「しつこいくらい粘り腰やったきねえ。そういうもんがおらんかったら地域づくりらあできんろう」

家が貯木場の隣だったこともあり、東谷さんは林業の衰退を肌で感じて危機感を持つ。それに代わる産業として小さな希望となったのがユズだった。が……。笛を吹いても、旗を振ってもついてくる人は見つからない。「農協に入ったことは間違いだった。辞めよう」と思ったこともあった。しかしあきらめなかった。

「なんでできたろうかと思うたら、悔しさがエネルギーになっちゅうがよ。村の施

▲段々畑に「ゆずの村」の大看板。馬路は林業の村からユズの村に脱皮した

策は林業一本やりやし、農業は農地がないし、専業農家はおらんし、なんとかしようと思うたけんど、なんともならんし……」

46年後の2019（平成31）年1月、県内では農協組織のほとんどが高知県農業協同組合（JA高知県）に一本化された。土佐あき農協も南国市農協も四万十農協も、さらには全農県本部（旧経済連）や園芸連もJA高知県に統合されてその名はない。統合に参加しなかったのは高知市農協など3農協しかないのだが、その中に馬路村農協も入っていた。

「（1970年代には）県内に100近い農協があったと思う。馬路より弱小だった農協は本川村と大川村だけじゃなかったかなあ」

吹けば飛ぶような弱小・馬路村農協が、いまも単独で残っているのである。残っただけではない。従業員数92人（うち8割は村内居住者）、年30億円のユズ製品を売る全国屈指の有名農協として存在している。村の人口は800人弱なので、村民の10人に1人が農協で働く計算になる。定期的に宣伝物を送る通販顧客数もすさまじく、一時は20万人を超えていた。

本人は自分のことを「熱い」と表現する。熱っぽく、粘り強く。ひたすら前に向かって進みながら道を開いた。かつての営林署村を「ゆずの村」に作りかえた。

## 3 — 山にテレビがあった

1952（昭和27）年3月、東谷望史さんは馬路村の土川に生まれた。

「村の中心部から10キロ奥。山の中に家が5軒あるだけの平家の落人の里やき。人がおらんところで生まれてよねえ、それで人見知りになったというかねえ」

役場から未舗装のでこぼこ道を車で25分。樹木に押しつぶされそうな谷間から抜け出たところが土川だった。斜面に人家が数軒見え、ユズ畑がある。ひと気がない、と思ったら目の前を元気なサルが横切った。

4〜5歳のころまで東谷さんはここで育った。

「自分は長男で、4歳離れた弟がおって。自分を除いて地区に子どもが6人おったきねえ。女3人姉妹の家と、男の子と女の子がおる家があった」

一帯の山が子どもたちの遊び場だった。

「同級生の男子がおったがよ。健次郎ゆうて。その同級生が安芸市の高校を出て、瓦会社に就職して、どういうわけか土を練る機械に巻き込まれて死んだ。就職して1年目やった。聞いたとき、涙が出てねえ。馬路中の同級生10人で墓参りに行った。山の中腹に墓があった」

東谷さんが幼いころ、高知県の山ひだの隅々に家があり、人がいて、生活があった。最新の文化だって届いていた。

▲馬路村土川。谷から風が吹きあがる

「土川でテレビ見たきねえ。プロレス見たも、金曜日の夜。電気が専門の人が親戚におる人がいて、アンテナ立てて。NHKと高知放送。高知から電波が飛んできよったがやねえ」

日本でテレビ放送が始まったのは東谷さんが生まれた翌年の53（昭和28）年。5歳ほどで土川を出たので、放送開始から間を置かずにテレビが馬路の奥地まで届いていたことになる。

「文化はやっぱり営林署が運んできよったかもしれんね」と東谷さん。当時、馬路村には馬路、魚梁瀬の2営林署があった。スギを中心に超一級の森林資源を抱え、多くの関連産業を成り立たせていた。

カネが地元にも落ちていた。

父親は、競《きそう》氏。

「5人きょうだいの下から2番目。親父《おやじ》は志願して軍隊に行った。16歳くらいかな、けっこう若いときに行ったと思う。軍隊におったき、厳しいぜ。何回かぶん殴られた」

行った先は満州（現中国東北部）だった。

「字がきれいやったき、隊長に気にいられて書記係をやりよったらしい。軍隊やき、びっしりぶったたかれたと聞いたことがある」

父親は馬路村の中心部で商店を経営する西野家に生まれた。満州に行っているときに東谷家の養子となることが決まり、戦争が激しくなる前に帰国して東谷姓となった。のちに嫁をもらう。

「東谷と書いて、普通は『ひがしだに』やろう。『とうたに』と読むのは土川にしかない。うちと、もう1軒だけやと思う」

戦後、父親は農業の傍ら営林署の仕事をする。

「伐《き》った木を出す仕事をしよって、それをやめて、また営林署に入って購買におった。小学生のとき、学校が終わったら営林署の購買へ10円もらいに行きよった。親父が10円くれた。小遣いが10円やった」

# 4 ― 毎日毎日投げられて

「涙が止まらん」と東谷望史さんからメールがあった。高知市の堀尾真弓さん（70）が東谷さんにあてたお手紙が添付されていた。

堀尾さんは、前回の「ごっくん男」で東谷さんが語った幼なじみ、乾建次郎さん（健次郎は誤りらしい）の元同僚だった。乾さんは安芸工業高を卒業後、安芸市の瓦会社に就職した1年目に亡くなった。堀尾さんは乾さんの名が出たことに驚き、当時の記憶を手繰って手紙を送ってくれた。

入社同期が5人いたこと、5人で本当に仲良く楽しく過ごしていたこと。工場の人が事務所に駆け込んできたときのこと。ズボンのすそが引っかかって乾さんが土練機に巻き込まれた、と聞いたときの驚き。「どうして!?」の疑問。

その手紙を読んで東谷さんは涙が止まらなくなった。「亡くなった状況が少しわかった。同級生にも報告したい。お墓にも行かんといかん」と。

堀尾さんの方も、「(新聞を読んで)涙が止まらんかった」と明かしてくれた。「あれから50年やきねえ、乾君が『忘れんとって』って思うて東谷さんに話してもろうたがやないろうかねえ」

東谷さんと乾さんは馬路村の土川という集落で同い年の幼なじみだった。東谷さんは保育園のころ土川を出る。父親が村の中心部、馬路営林署の貯木場横に家を建てて引っ越した。

馬路小学校に入ると同級生が約50人いた。

「自分らの学年は1クラスで、上級生は2クラス。団塊の世代の昭和22〜23年生まれはめちゃくちゃおった。僕らの組から少のうなった」

テレビのある家が多かったが、電気のない生活をしている家もあった。

「同級生で、親父《おやじ》さんが炭を焼きゆう人もおって。炭焼きは移動するやいか。移動しながら山で生活するき、電気ないやいか」

炭焼きは身近だった。

「あるとき突然エルピーガスが出て、一気に暮らしが変わったねえ。それまではマキでご飯炊きよったきねえ。ガス釜ができて、電気釜ができて。本当に暮らしが変わる時代やった」

馬路中に入ると同級生が減った。高校進学を見据え、営林署の子弟が高知市の学校に進んだからだ。それでも同級生が35〜40人、全校では100人以上いた。いまは全校で12人しかいない。

東谷さんは目立たぬ中学生だった。

「3月18日生まれで、体が小そうてよ。同級生に4月生まれがおったけんど、1年違うたら中学やったら身長が10センチ違うやいか。前から2番、3番やきね。小さかった」

馬路中1年のとき、父親に命じられて畑に直径1メートルの穴を幾つも掘った。父親はそこに梅を植えた。当時、梅は期待の作物だった。供給過剰で梅が暴落、東谷さんが「ユズしかない」と思い定めるのはずっとあとの話。

2年のとき柔道部に入る。しかし……。

▲柔道一直線時代の東谷さん

「入ったはえいけんど、畳で毎日毎日投げられて。夏ならまだえいけんど、冬のあの冷たさは……。やめたいけんど、やめれんがよ。怖うて」

怖いのは先生と先輩である。怖くてやめられず、仕方なしに柔道を続けた。対外試合は一度だけ、バスでお隣の北川村に行って練習試合をした。

「技ありを取ったけんど、最終的に一本負けした。相手は自分よりは体が大きかった。まあ、いま考えてみると柔道は体を鍛える意味ではよかった。筋肉がついて、体力ができていったき」

# 5―高校で最初の挫折

「小学校へ入るまで山の中で暮らしよったき、勉強らあしたいと思わんかった。けんど、親父《おやじ》がうるさかった。親父は勉強をしちょったねえ」

父親の競氏は10年余り前、数えの92歳で亡くなった。「16歳くらいで軍隊に入った」と記憶するが、父親のことを詳しくは知らない。

「親父の兄貴も戦争に行った人やったけんど、安芸中（旧制）に行っちょった。親父も安芸中に行ったかもしれんけんど……。わからん」

馬路中学校を出た東谷望史さんは田野町の県立中芸高校に進学する。馬路村など中芸5カ町村にある唯一の高校である。校舎が立つのは藩政時代、安芸郡奉行所と藩校田野学館があった場所。幕末時、田野学館には武市半平太や中岡慎太郎も足を運んだ。中芸高になったのは１９４８（昭和23）年で、青年たちが旗を振って設立した。

地元の学校とはいえ、馬路と田野は遠い。東谷さんは田野町にあった営林署の寮に入って通学した。入学した67（昭和42）年当時、中芸高校全日制普通科の生徒数は561人。1年生は164人で、馬路村の出身者は9人だった。

「俺の人生らあ、失敗ばっかりやきよ。記事にらあならんがやないが」

この聞き取りで東谷さんが何度か繰り返した言葉である。挫折の最初がこの中芸高時代かもしれない。1年で退学、馬路に帰る。

「大工でもやろうか思うて。世話をしてくれる人が行き先まで構えてくれちょった。池田さんゆう親方のところで……」

競氏は池田さんに話をつけていた。その競氏に助言したのは国語教師の山中巌氏だった。のちに「馬路村史続編」（1990年刊）や「馬路村の歴史と伝説」（96年刊）、「同続編」（2007年刊）を執筆する馬路きっての文化人である。

「山中先生が『高校ばあ出せえや』と親父に言うて。で、まあ、行くことにしたがよ」

山中先生の紹介で、長岡郡大津村（現高知市）にある私立高知中央高校の試験を受けた。合格し、大津村の高島さんというお宅に下宿しながら同校に通うことに。1年生からやり直した。

「大工とどっちがよかったかというと……。わからんけんどねえ。けっこう器用やき、腕のえい大工になっちょったかもしれんし。慌てん坊やき、屋根から落ちて死んじゅうかもしれんし」

高校で手掛けたのは、この物語の冒頭に書いたパチンコと剣道くらい。ただし一度、新聞に出たことがある。そのときの見出しは「トサヒラズゲンセイ採集　十年ぶりに大津村の民家で」。

トサヒラズゲンセイというのは36（昭和11）年に高知県で発見された昆虫で、赤いクワガタとも形容されるらしい。極めて珍しいこの昆虫を採集したのが中央高2年の東谷さんだった。

▲赤ちゃんの東谷さんを抱く競氏

「下宿の軒先に小さな穴が開いちょって、そこにきれいなカミキリムシみたいな虫がおったき。山でいろいろ虫は見てきたけど、変わった虫やなあと思うて。色は赤。真っ赤やった」

体長は3センチ。手で取って学校へ持って行き、中山紘一先生に見せた。先生は日本昆虫学会の会員だった。すぐに「珍しい虫や」と言った。

69（昭和44）年6月の高知新聞には東谷さんの名前と、ほとんど生態が分かっていない謎の虫であること、「絶滅していたのではないかと思われていた」という中山先生のコメントが載った。

## 6―夜逃げを考えた

高知中央高校の高校生時代、東谷望史さんは車を持っていた。ホンダN360。

1967(昭和42)年に売り出された伝説の名車である。

東谷さんが生まれた1950年代には軽自動車運転免許という区分があり、16歳以上であれば軽乗用車(当時は360cc)の免許を取得できた。その免許が廃止されたのが68年9月。東谷さんが16歳になった半年後だった。廃止となる直前、高校1年の夏休みに東谷さんは安芸市の安芸自動車学校で軽自動車免許を取る。

「車をなんで買うてもろうたかとゆうたら、当時は馬路から安芸までバスで出て、土電の電車で後免まで行って、市内行きの電車に乗り換えよったがよ。休みとか、帰りたいときに何回も乗り継がないかんやいか。帰るときにえいとか、なんやかやと理由をつけて親に買わした。真っ黄のN360。中古で、20万円ばあやったと思う」

買ってもらったのは2年のとき。3年に入ってこの愛車を少しへこましてしまう。夏休み、アルバイトして修理代を稼ごうと思い立った。

「同級生の山本勲とアルバイトを探したら、バキューームカーの中を洗う仕事と土佐市のイグサ刈りの収入がえい。どちらも1日1万円で、イグサは住み込みやった。バキューームカーはちょっとなあと思うてイグサにしたがよ」

山本君と2人、土佐市に行った。別々の家に住み込むことになった。

▲愛車・ホンダN360と高校時代の東谷さん

「自分は山中さんという家やった。イグサはきついとは聞いちょったけんど……」

きつさは想像を超えた。朝4時半に起こされ、すぐに朝食を食べた。

「食べるがやない、食べさせられるがよ。5時前に畑に出て、イグサを刈って、干して、ひっくり返して、延々その繰り返し。夕方になって泥につけて、最後、前日に乾燥室に入れちょったのを出して。天日乾燥と人工乾燥の両方があったきね。ご飯を1日4回食べて、終わるのは夜の8時か9時。風呂入って夕食食べて10時に寝た」

労働時間の長さがつらかった。

「15時間くらいかなあ。とにかく一日が長い。体力、きつかったねえ」

1日目は必死だった。2日目の夜、夜逃げを考えた。3日目の夜も夜逃げを考えた。

「けんど、夜逃げはかっこ悪いなあと思うたりして。結局、夜逃げのタイミングを失うて8日間最後まで続けたがよ」

続けられたことに当の本人が一番驚いた。

「人間ってすごいなあと思うのは、だんだんあの限界労働がしんどいと思わんなってきたがよ。今までいろんな仕事をしたけど、どんなにしんどうても夜逃げをしようと思うたことはない。それもあの経験があったきやと思うがよ。えい経験をさせてくれたなあと思う」

ちょうどそのとき、中央高が甲子園の県大会で快進撃をしていた。記録を見ると準々決勝で高知高を撃破し、準決勝で土佐高に敗れている。

「ピッチャーが安芸出身で、安田出身の同級生の久保田がキャプテンやった。応援に行っちゃろうかと思うたけんど、イグサでそれどころやなかった」

## 7　室戸の浜で大ゲンカ

「ここやったら入れる」と高知中央高の先生に勧められ、卒業して高知スーパーに入った。1971（昭和46）年、19歳の春である。

「特に何をやる予定もなく入ったけど、いま思うとマーケティングの入り口をかじらせてくれたなあ。仕入れとか、値段の付け方、ポップの書き方……。研修が1カ月あって、レジの打ち方とか基本的なことを教えてくれて」

研修後、高知市の潮江店に配属される。

「食品担当やった。サニーマートががんがん伸びゆうときでねえ、負けてなるものかという思いがあって。サニーマートの栈橋店が集客力を持っちょったけんど、けっこう僕も活躍したと思う。そうそう、旭食品の社長をした竹内康雄さんが営業で来よった」

東谷さんは熱心に働いた。

「工夫してポップ書いたり、通路のエンド（端っこ）へ物積んで夏らしさを出したり。物を積もうとしたら大量に仕入れないかんわけよ。いろいろやって、メーカーにも本社にも評価された」

ポップというのは商品に掲げる手作りPR板のこと。購買意欲をそそるように描かないと効果はない。サニーマートには負けたくない、そう思いながら自己流で工夫を重ねた。

高知スーパーは高知市の商店主たちが出資して作った企業だった。大橋通や帯屋町にも店を持ち、県スーパー業界の覇者といった趣。それをオーナー企業のサニーマートが急追した。

「会社はトップの姿勢でものが決まるやいか。サニーは中村さん（英雄社長）がまだ若うて。高知スーパーは経営者の方針が分からんかったというか、定まらんかったというか、ダイエーと組んだり離れたりしたきねえ」

ダイエーは日本の流通業界をけん引した。カリスマ経営者、中内功（１９２２～２００５年）が価格破壊によって消費者の支持を獲得。一代で日本最大の流通グループを築いたものの、やがて消えた。中内氏のルーツは高知県で（本人は「うちは高

▲高知スーパー時代の東谷さん

知の中村の出身」と言っていた）、土佐人の血を意識していた。それだけに高知との縁は深い。

「同期の新人だったのが、のちにサンプラザの社長になった笠原雅志さん。もう亡くなったけど、彼とも馬路村農協はビジネスを成立させた」

笠原氏とはけんかの思い出がある。

「潮江、下知、菜園場店が室戸へ社員旅行に行ったがよ。室戸岬のホテルで大宴会して。社長の永野寅太郎さんにコップで献杯したらコップで飲み返してきて、豪快な人やった。やりゆううちに酔うてしもうてよ。海がすぐそばやき、涼もうと思うたら同期の女性がおって、一緒に座りよったら女性を探しにきた男4人が来て」

その女性が笠原氏の彼女だったらしい。邪推されてけんかになった。

「酔うて海岸で休みよっただけやけんど、わいわいゆうて探しにきて。なんせ酔うちょったねえ。え？　女性に？　なんちゃあしてない。みんな同期やけんど、相手は大学出で23歳くらいやし、４人もおるし。笠原さんには殴られんかったけど、菜園場店の男にはぼこぼこにやられた。その男は少林寺拳法３段やった。傷もつれになった」

高知スーパーの日々は忙しくも淡々と過ぎた。やがてその平凡さが我慢できなくなる。人生のスイッチが入る日が迫っていた。

# 8―「つのころ」の青春

「人生にはスイッチが入るときがあると思う。僕はねえ、スイッチが入ったがは、『青年の船』に乗ろうと思うたときやった」

高知スーパー潮江店に勤めていたとき、高知市内の安アパートに住んでいた。お金はなかったが、新聞だけは取っていた。

「新聞は取りよったねえ。子どものときはぜんぜん読まんかったけんど、働きだしてからは読みよった」

入社2年目を迎える直前、1972(昭和47)年の3月だった。いつも通り高知新聞に目を通していると、ある記事に引き付けられた。「県青年の船」の参加者募集だった。巨大客船を県がチャーターし、若者たちに外国への船旅をさせて人材育成する一大イベントである。第1回が71年で、東谷さんは第2回の募集記事を見た。須崎港発着の13日間、商船三井の「にっぽん丸」でフィリピン、香港まで航海すると書かれていた。

「たぶん小さい記事やったと思う。それを見て、『乗ってみたいなあ』と。それまでが平凡すぎる人生やったがやないかなあ」

仕事は面白かったが、不満は人と同じ休みが取れないことだった。日祝日は決まって仕事なので友達ができない。

▲須崎港を出港する青年の船。1975年の第５回（©高知新聞社）

「遊び友達もあんまりおらんかった。新しい友達ができるわけもないし」

小さいころは人見知りだったが、「高知スーパーで変わった」と明かす。「サービス業でお客さまとかかわっていくうちに変わっていった」と。

人見知りを脱した青年は、仕事休みの平日に「県青年の船」乗船への思いを行動に移す。高知市栈橋通の青年センターへ申し込み書類を取りに行った。

窓口に男性２人がいた。窓口越しに言われた。

「『あんた、どんな活動しゆが？』と聞かれて。『なんちゃあやってない』と答えたら、『やりゆう人とやりやせん人では(選考に)差があるぜ』と。来年選ばれるためにはなんかせんといかんな、と思うたがよ。けんど、もうできちゅう団体に入るのも面白うないなと」

当時、青年センターには約70の団体が登録されていたらしい。

「この前、家を整理しよったら自分が書いた高知スーパーの稟議《りんぎ》書が出てきたがよ。『社内に青年の会を立ち上げ、青年センターに登録したい』という稟議で、承認ももろうちょった。最初は社内で団体を作ろうとしよったがやねえ。青年センターの団体には会社関係も多かったきね」

承認の日付は72年4月24日。しかし結局、社外でグループを作る。

「職場ではそんなに人が集まらんろうという思いがあって、社外でサークルを作ったがよ。なんでもできるサークルで、名前が『つのころ』。牛に角が生える時期をそう言うがやと。キャンプに行ったり、青年センターで談話をしたり。センターに行ったらいつでも誰かがおったきねえ」

友達が友達を呼び、友達が急に増えた。

「出会いの場ができたきねえ、友達は広がった。恋人？　ない。仕事もあるし、それどころやなかった。そうそう、家で『つのころ』の色紙が見つかったがよ。男女

14人の名前がある。懐かしいねえ。だいたいみんなもう70歳になっちゅうきねえ。会うてみたいねえ」

仲間と楽しく青春しているとき、人生の転機がやってくる。

念願の「青年の船」には1974（昭和49）年に乗るのだが、転機がきたのはその前だった。

## 9—農協の採用に落ちた

サークル「つのころ」を作って10カ月ほどたったころ、転機が舞い込んだ。

「親父《おやじ》から連絡があったがよ。『農協が人を募集しゆき、もんてこんか』と」

決断は早かった。

「悩まん。すぐ決めた。僕、この村で一生暮らしたいと思いよったがよ」

本当はあとで少し後悔した。東谷さんは「時代を読み間違うた」と明かす。

「中学のとき、先生がアメリカの話をしてくれて。アメリカに行くには何十万円もかかると言われて。『自分らの時代にはアメリカに行くことはないなあ』と思うてしもうて」

東谷さんが小学校高学年のとき、のちに作家となる小田実の「何でも見てやろう」がベストセラーとなる。当時はまだ観光で海外に行くことは認められていなかった。だからこそ、海外旅行記として多くの若者の心をつかんだ。

海外への観光旅行が制限付きで解禁されたのは東谷さんが馬路中にいた1964(昭和39)年である。日本航空のハワイ9日間パック旅行料金は37万8千円。1ドル360円、高卒国家公務員の初任給が1万4100円の時代だから、よほどのお金持ちでないと手が届かなかった。

ところが……。遠かった外国が、あれよあれよと近くなる。外国旅行が当たり前になり、留学する人も、留学に来る人も増えた。物流は軽々と国境を越え、ネットは世界を一つにした。

「人間ってすごいねえ。ファクスができたときは電話線で文字が送れるとびっくり

▲サークル「つのころ」の旗を持つ東谷さん

したけんど、そうこうしゆううちに世界が一気に近づいて。こんなになるとは思わんかったきねえ」

　こんな時代が来ると思わない青年は、父親の誘いを聞いたときにこう思う。

「結局この村で、夏にはアユ捕り、冬にはユズ作りをして、どこかで働きながら一生終わるがやなと。そんなことを思って、誘われたときに農協の採用試験を受けた」

　もし時代を読み誤っていなかったら？

「もうちっと子どものころから勉強してよねえ、世界を走り回りよったかもしれん。龍馬は幕末に世界を相手にしよったがやき、世界を飛び回る時代が来ることばあ読んじょかないかんかったわねえ。英語らあ、この村におったら絶対使うことないと思いよったきねえ」

もう一つ見誤ったことがあった。Uターンを決めたにもかかわらず、採用試験に落ちたのだ。

結果は不採用だった。

気を取り直したところに連絡がくる。

「『不採用やったけんど、合格者が辞退したので採用する』と。5月1日付で農協に入った」

1973（昭和48）年、21歳だった。購買課に配属された。

「のんびりしちょったねえ。毎晩、先輩が集まって事務所で酒を飲みよった。魚を買うてきて、缶詰を開けて……。ぎっちり誘われた」

酒の誘いを断り、仕事を終えると東谷さんは連日高知市へ車を走らせた。Uターンしたものの、お街の魅力にはあらがえなかった。

# 10― 郵便局と貯金争奪戦

「帰った月と次の月は高知市内へ毎日通うた。みんなが集まる喫茶が高知駅の近くにあって、そこに行ってしゃべったり。青年センターに行ったら誰かがおったき、そっちへ行ったり……」

１９７３（昭和48）年、21歳で馬路村農協に転職した東谷さんは、購買課の仕事を終えると毎日高知へ走っていた。当時の東谷青年の気持ちを、今の東谷さんはこう解説する。

「高知へ行きたかったがやろうねえ。友達もいっぱいおったきねえ」

愛車は三菱ギャランクーペＦＴＯに代わっていた。スポーツタイプである。午後5時か6時に仕事を終わり、高知市に車を飛ばす。当時、普通に走ると高知市までは2時間かかった。

「1時間そこそこで着きよった。今やき言うけんど、僕は最短45分で走っちゅうきねえ」

　仕事は仕事でしっかりやっていた。

「購買ってところは生活物資を供給する部門やいか。朝早うに『ガスが切れた』って言うてくるし、肥料とか農薬を『前の日に買い忘れたき、出してくれんかよ』とか、『農機が調子悪いき、見てくれんか』とか。なんでもあるがよね」

　農家は朝が早い。土日もない。忙しく注文に応えるうち、腹をくくる。

「『俺、いつでも行っちゃらあ』って思うことにした。高知で働きゆうときには『人が休みゆときに休みたい』と思うたんど、田舎に帰って、『行っちゃらあ』に考えが変わっていった」

　もちろん体はしんどい。だから考えを変えた。

「『おおの、うるさい』とか『こんな時間に』と思うたらねえ、気が重うなる。それが顔に出るやんか。それはいかんなと思うて」

　仕事は迅速に済まそうとした。

「ゴクドウの大だくれって言葉、聞いたことある？　そんな感じやった。なんでもかんでも1回で済まそうと思うて……」

▲購買課時代の東谷さん

2回往復したらいいのに、それが面倒くさい。

「鶏の飼料とビールの配達を頼まれて、どちらも20キロで。2回往復したらえいがやけんど、ビールの上に飼料載せて運んだり。ビールの上に30キロのコメ載せたこともあった」

こんな失敗もあった。トラックの荷台に新品の整理ダンスを立てて配達していた。塩化ビニール製の送水パイプが道路の上を横切っていた。

「それにタンスが引っかかって。後ろへガーンと落ちて、傷もつれになった。展示会をした会社が新しいタンスをただでくれて、ほっとした」

鮮烈な記憶として残るのは、年2回の営林署員ボーナス日。農協の職員全員がボーナス争奪戦の戦士となった。戦う相手は郵便局である。

「これはねえ、すごかった。郵便局が当時20人近うおったと思うがよ（農協職員も約20人）。とにかく夕方から営林署員の家を回って、農協に貯金をもらわんといかん。集めないかん」

当時、馬路村農協の経営の柱は信用事業だった。信用事業の収益は貯金額に左右される。

「ほんとに山の中の、けもの道とまでは言えんけど、狭い道を、懐中電灯をつけて登って行ったり……。当時は車が通れん道はまだいっぱいあったきねえ」

# 11―復活初代の青年団長

１９７３（昭和48）年、21歳で馬路に戻ったあとも高知に通う東谷さんにまた転機がきた。馬路地区の青年団長に就いたのだ。

「青年団は長いことつぶれちょって。なんかでその話になって、教育委員会に『作れ』と言われて。ちょっとしゃしゃり出た関係もあって、団長になった。復活１代目の団長やった」

馬路村の人口は60（昭和35）年に３４２５人のピークに達し、以後は急速に落ちた。70（昭和45）年に約４割減の２１３４人となり、73年は２千人前後だったと思われる。

人口急減の大きな原因は魚梁瀬ダムだった。

馬路村を大きく分けると、馬路地区と魚梁瀬地区になる。馬路は安田川の上流にあり、魚梁瀬は奈半利川の上流にある。流域面積が広く、急流であり、水量も多い

▲安芸地区の会長時代、仲間と「戦争を知らない子どもたち」を歌う東谷さん（中央）

奈半利川は水力発電の適地として終戦直後から注目されてきた。

具体化は１９５０年代である。魚梁瀬の下流に巨大ダムを造り、魚梁瀬地区を水没させる大プロジェクトだった。村は強硬に反対したものの、64（昭和39）年にダムは概成する。魚梁瀬地区は高台移転したが、村を離れた人も多かった。

水没に伴い、63年には森林鉄道も廃止された。森林鉄道は多くの関連従業員を抱えていた。それらの人たちも村外に出て行った。道路網は整備されたが、人は減った。

東谷さんが青年団長になったとき、団員数は10～15人だった。

「団員を増やしたいなあと思うて。待ちよっても人は集まらんし、家を回って『入ってや』と。35人くらいになったと思う。人が多くなったら今度は酒飲んだときにけんかになったりして。そうやってもまれながら成長したと思うがよ」

馬路の団長を2年務め、3年目は魚梁瀬と統合した馬路村連合青年団の団長を務める。団員は50人を超えた。その年度末、また転機が来る。

「3月に芸西村で安芸地区の青年団の総会があって、馬路から10人くらいで参加しちょったがよ。そのとき、安芸地区の会長になる予定やった人が『(会長になるのは)嫌や』ゆうて言いだしてよ。で、会が終わらんなってよねえ。急きょ『お前がやれ』ゆうことになって。僕は結婚がほぼ決まっちょったき、嫌やったけんど。僕が受けんと会が終わらんなってよ。しやなし(仕方なく)、受けた」

その後知ったのが、高知市で毎年行われていた県青年大会がその年から各地区の持ち回りになったこと。最初の開催地が安芸地区だったこと。

「安芸で1回目をやるゆうて決まっちょったらしいがよ。ほんで僕は、大会が終わるまで安芸市へぎっちり通うてよねえ。たかが高知の青年大会やけど、1500人くらい集まるがよ。前夜祭のときやったかなあ、とにかく安芸市の市民会館で開会式があって。次の日から安芸市や芸西村の体育館やプールやグラウンドを使うて、陸上、ソフト、柔道、剣道、バレー、水泳とかをやって。文化活動もあった。全国大会の予選も兼ねちゅうきねえ、まあけっこうな大会やった」

開会式の壇上に座ると、横に中内力知事がいた。この晴れの席で東谷さんは一世一代の失敗をする。

## 12―「イモリでも飼え」

1976(昭和51)年8月、安芸市の安芸市民会館。24歳の東谷さんは、安芸地区青年団協議会の会長として県青年大会の壇上にいた。

「緊張しちょったねえ。横に中内(力)知事がおって、和食(延雄)教育長がおって、教育関係者が前の方にだいぶおったねえ。それで、まあ、上がってしもうてねえ、途中であいさつようせんなったがよ。真っ白になって、頭が……」

歓迎のあいさつに立った東谷さんは、途中で立ち往生してしまったのである。

「結局、準備に追われて。ありのままのあいさつをしたらよかったがやけんど、まあ、人並みゆうか、歓迎のあいさつやからねえ、自分の言葉やなしに、覚えないかんかったわけよ」

定型通りのあいさつを丸暗記して大会に臨んだものの、緊張で頭から飛んでしまった次第。

「覚えるがやなしに、そのまま、ありのままでいったらよかったけんど。なにせ20歳そこそこばあのときに県知事の横であいさつしたら、そらあ緊張もするぜ」

恥ずかしさを抱えて控室に戻った。胃が痛かった。痛みをこらえながら中内知事と話をした。

「イモリの話をした。馬路にはなんちゃあないということは知事も知っちゅうきねえ。知事は『東京ではペットショップでイモリが売れゆう。イモリでも飼え』ゆう話をしてくれた。そのことだけは覚えちゅう」

胃は一日中痛かった。

▲中内力知事（1981年撮影、©高知新聞社）

「緊張ってこんなになるがやなあと思うて。壇上で立ち往生したら、見ゆう人も緊張するやいか。ずいぶんみんなにも迷惑かけたと思う」

あれからもう46年たつが、忘れられない。

「人生でいちばん恥ずかしい醜態やったなあ。けんど、そういうことも経験して成長していったがやないかなあと思うがよ」

安芸の会長を務めた翌年、今度は県組織の常任委員になった。忙しかった。

「毎日仕事を終えてから馬路を出て、午後8時前ごろに高知へ着いて。打ち合わせをしたり、会をしたりして馬路に帰るのが午前2時3時。みんなで菜園場の『豚太郎』に飲みに行って、朝5時に高知を出て馬路に帰ったりもした」

当時、高知市九反田に青年団の集まる場があった。「図南荘って言いよった。元旅館で、県の施設やったかもしれん」。そこで会をして、熱が収まらなければ深夜営業しているラーメンの「豚太郎」に行って酒をあおる。酒が入ったときはその図南荘で泊まって早朝帰る。

「県内各地で青年団が衰退しよったき、土日はオルグ活動に行ったりもした」

担当は広報だった。広報担当として高知新聞に投稿をした。「青年の船」のことだった。

東谷さんの人生にスイッチを入れた「青年の船」がピンチに陥っていた。Uターン2年目の74（昭和49）年に念願かなって乗船したが、2年後に中止。知事が交代したこともあり、県は空路を使う「青年の翼」を検討していた。東谷さんは78年1月に2度投稿をして「青年の翼」の実現を訴えた。

「本当は『船』の方がえいがよ。船は目的地に行くまでの航海自体が研修やき。長期乗船の団体行動が青年の成長を促したと思うがよ」

反対意見の投稿もあったが、約1年後に「翼」は実現する。

# 13 — 村長を前に爆弾発言

青年団長の時代だから1974(昭和49)年前後のことだった。ある会合に呼ばれた。

「村長以下の村の幹部と、議員、営林署長、県の部長クラス、そういう人が集まる会合やった。年に1回やりよったがよ」

村の青年代表として発言を求められた。Uターン以降、村の将来を自分なりに考えていた。

「僕はずっと思いよったがよ。この村の産業って何やろうって。よくよく考えたら営林署があったためにこの村、産業が発展してないじゃないかと。それはみんなが営林署におんぶしてよねえ。営林署依存型になって、営林署がなくなったときの絵を誰も描いてないがよ」

正直に、自分の意見を言った。村や営林署関係者がひっくり返る内容だった。

▲馬路村内を走る森林鉄道（1951年撮影、高知市民図書館所蔵寺田正写真文庫）

「『営林署がなかった方が、この村はもっとよかったがやないか』と言うたがよ。それは現実として自分が思いゆうことやったきねえ。だんだんと営林署も衰退していき、人口も減りゆうけんど、将来ビジョン、青写真を村が描いちゅうわけでもないし。山の木を伐《き》りつくした後にこの村はどうするがやろうって若者なりに思いよったがよ」

近年はユズの村で知られるが、歴史的に見ると馬路は国有林の村である。村域1万6500ヘクタールの96％が山林で、うち75％が国有林。魚梁瀬を中心とするスギの美林は末期の国有林野事業を支えたほどの収益を誇った。

73年当時は馬路、魚梁瀬の2営林署を有し、伐採や植林、手入れのために営林署は多大な雇用を引き受けていた。村には働き口があったし、営林署関係者の給料はさまざまな形で村に還流した。村も、村民も、目を向けるのは山だった。

「無尽蔵って言いよったきねぇ」と東谷さんがぽつり。村の多くが木材資源は無尽蔵で、営林署は永遠にあると信じていた。東谷さんはそこに反発した。「無尽蔵なわけないやいか」と。

国有林野事業を支えるために国は伐採を重ねた。かつての主役は森林鉄道だった。明治末期に馬路―田野間に敷設され、1921(大正10)年には蒸気機関車が走った。土讃線開通の2年前である。戦後、山ひだを縫うように支線が延びた。魚梁瀬ダム建設で森林鉄道は消えたが、新たに整備された道路網を使ってトラックが木を運び続けた。

気が付くと森林資源は枯渇していた。のちに営林署も消えたが(馬路は79年に、魚梁瀬は99年に廃止)、70年代半ばは永遠に営林署の時代が続くと思う人も少なくなかった。

そんな村で、村長や営林署長を前に青年団長が「営林署がなかった方がよかった」

と言ってのけたのだ。場が凍り付いた。

「反応はなかった。みんなああっけにとられたがかもしれん。あとで『おんしゃあよう言うた』と言う人と、『おんしゃああんなこと言われんぞ』と言う人と二通りおった」

その後の推移は東谷さんの懸念通りだった。74（昭和49）年には馬路営林署に126人、魚梁瀬営林署に251人の職員がいたが、森林資源の枯渇とともに減少。現在は安芸森林管理署魚梁瀬合同事務所、同署馬路森林事務所を足して7人に過ぎない。

## 14― 肌で感じた林業衰退

1973（昭和48）年に農協へ転職したあと、東谷さんは購買担当を6年続けた。

忙しく働きながら、村の将来のことを考え続けた。村は山ばかりに目を向けていた。対照的に、農業へ向ける視線は弱かった。

たとえば1990（平成2）年刊の「馬路村史続編」を見ると、林業に関する記述は18ページ半、農業は5ページ半。農業に対する関心の薄さに東谷さんの焦りと憤りがあった。

父・競氏が建てた東谷さんの家は馬路営林署の貯木場横にあった。

「いっつも貯木場を見よったき思うたかもしれんけんど、子どものころはこんな木（直径1メートルを超える木）が来よったのが、だんだん木が小そうなって。天然木から造林木へと木が変わってきてよねえ。ほんで営林署の職員もちょっとずつ減ってというのを毎日見ゆうがやきねえ」

林業には将来はない、生き残るためには農業しかないと思った。かといって馬路に耕地は少なく、山ばかり。山あいでも栽培可能で、土地収益性の高い作目を導入する必要があった。

かつて馬路村は梅の作付けに取り組んだことがあった。はるか先を走る自治体が大分県の大山町（現日田市）だった。1961（昭和36）年から「梅栗植えてハワイへ行こう！」を合言葉に、梅や栗で農家所得を上げていた。

「これ、昔の話。聞いた話やけんど、馬路村森林組合がユズを勧めて、馬路村農協は梅を勧めたわけよ。ところが梅は西日本各地が一斉に始めて、大暴落した。うちも僕が（苗木を植える穴を）掘らされて、親父《おやじ》が梅を作ったけんど、親父が『なんぼか売れた、取れだした』と言いよったら翌年くらいに（梅の価格が）大暴落した」

▲魚梁瀬での搬出作業。木が大きい（1965年撮影、四国森林管理局提供）

連載4回目に書いたように、苗木の穴を掘ったのは中学1年のときの話。

「梅と入れ替わりに、都会ではユズが玉で売れるということで。昔からやりよった酢だけやなしに、青果（ユズ玉）で売るために栽培するのを北川村とかが本格的に始めた」

ユズは搾ってユズ酢として販売するケースと、玉のまま販売するケースがある。都会で人気が出たのは玉だった。しかし……。

「馬路も始めたけんど、馬路は防除をする人があんまりおらんかったきねえ。それに産地が小さかったき、量がなかったわけよ」

のちにじっくり触れるが、何度も防除をしないときれいな玉はできない。

「農家が防除をせんき、『農協がやれ』ゆうことになったと思うがよ。ほんで2トンのトラックと、防除機と、大きなタンクと、それを補助金かなんかで農協が入れてよねえ、僕が農協に入ったとき、農協の職員が防除しよった」

購買課の時代は営農にはタッチしていない。

「そのころの農薬ってきつかったきねえ、やりよった先輩職員はあとあとちょっと手がしびれたりするって言いよった。それが原因かどうかはわからんけんど、やりだしたら一日中、何日も続けてやらないかんきねえ」

馬路村農協の総会資料から76（昭和51）年のデータを拾うと、ユズ酢の販売高1105万円に対し、玉出荷は285万円。梅がとん挫したうえ、玉出荷も前途多難。林業の衰退を肌で感じながら、次の希望は見えなかった。

## 15 ― 学名にも「ユノス」

「どん底やったぜ」と東谷さんが言う。農協に入った直後、1970年代のことである。

「本格的な専業農家がおるわけやないし、貯金を信連（信用農業協同組合連合会）に預けたら利ザヤがあったけんど、それも少のうなっていったし。僕は早う合併問題が出てこんかと思いよった。どうやっても生きていけそうにないと」

農家から預かった貯金を信連に預けることで農協が利ザヤを得る。協同組合活動を支えるその利ザヤが減少傾向にあった。

「ユズの玉を売って農協の手数料が3％。商社でも10％取るきね、3％らあ農協しかない。金融事業でもうけた金をそこに（販売事業等に）投資しゆうけんど、その金融事業が利益を生まんなってきちょった」

たとえば76（昭和51）年の販売手数料はわずか53万円だった。信用事業の利益（同年は１５８８万円）で販売事業の赤字（同３２２万円）や管理部門の費用（同１３７６万円）を賄う構図なのだが、信用事業の利益が落ちたら行き詰まりは必至。合併しか道はない――という論理。

営林署城下町なので、農業に力を入れる人も少なかった。「馬路村史続編」（１９９０年刊）によると、75（昭和50）年の総農家数は１６８。規模別には7割強が０・５ヘクタール未満である。１・５ヘクタール以上の農家はゼロ。１～１・５ヘクタール未満が4戸、０・５～１ヘクタール未満が27％。

農協を立て直すには農業をなんとかするしかない。農業を立て直すには「ユズをなんとかしないといけない」と東谷さんは考えた。ユズといえば県内ではお隣・北川村の実績が抜群で、73（昭和48）年には10アール当たり80万円の収益を上げる農家も出ていた。北川の成功に続こうと、物部村や土佐山村も産地化を目指していた。

ユズの学名には「ｊｕｎｏｓ」がついている。ラテン語でユノス。もともとは中国原産だが、高知の田舎でごく普通に呼ぶ「ゆの酢」が学名になっているところにこの果樹の特徴が表れている。温暖な地方に住む日本人の、特に高知県人の生活に身近な存在なのである。

青果でそのまま食べない柑橘《かんきつ》類を香酸柑橘と呼ぶが、その中で圧倒的な生産量がユズ。2019年の農水省統計を見ると、年間出荷量は2万トンを超え、2位のレモン（約7千トン）、3位のスダチ（約4千トン）を大きく離している。高知県は1972（昭和47）年から出荷量第1位を占め続け、2019年は全国の53%を生産している。

高知が出荷量全国1位に躍

▲黄色く色づいたユズの実。香酸柑橘の王者だ

り出たころから圧倒的な存在感を示したのが北川村だった。

「北川は雲の上の存在やきねえ、量でも質でもやる気でも。馬路もやろうとしよったけんど、規模は小さいし、役場は林業を向いちゅうし……」

馬路村もユズに力を入れていかないとだめだ、と思った東谷さんは行動を起こす。組合長に直談判した。

「営農指導員、僕にやらしてくれんろうか」

営農指導員になって栽培技術を身につけたいと考えた。農家にいいユズを作ってもらい、作付けを増やして農家所得をアップさせよう、と。

組合長は少しためらったあと、こう言った。

「やらすけんど、一生やれよ」

購買課を6年で卒業、1979(昭和54)年から営農指導員兼営農販売課員になった。27歳になっていた。

# 16― 師匠は伝説の指導員

1979（昭和54）年、東谷さんは組合長に直訴して営農指導員兼営農販売課員になった。

「小さい農協やきねえ、営農指導員兼販売員。営農指導員ゆうたら農家に営農を指導をするがやけど、できたもんをどう売るかも兼ね備えちゅうがよ。大きいところは分かれちゅうけんど」

営農指導員は栽培技術と知識を修める必要がある。一種の専門職なので、大きな農協では販売課を兼務することはない。が、馬路では生産物の販売も営農指導員が担当していた。

営農指導の師匠は、県安芸農業改良普及所の田野支所にいた光江修一普及員だった。

「伝説の指導員・光江修一。若くして亡くなったけど、光江さんにはユズの営農指

▲ユズ畑が点在する馬路の風景

導をそうとう習うた。光江さんが馬路に来たときには付いてまわりよったきねえ。せん定の方法とか、質問したら必ず答えが返ってきよった」

東谷さんの目標は、なにより農家所得を上げることだった。手だては作付面積の拡大と玉出荷である。玉（果実）の状態で売ると、搾って売るよりもユズ1個当たりの販売価格はぐっと上がる。搾る労力もいらないし、瓶も必要ない。おまけにこの時代、売る苦労がないくらいよく売れた。

馬路村も一部では玉出荷を行っていた。

「わずかやけんどやりよった。安芸市伊

尾木に園芸連安芸支所があって、秋になったら毎日その向かいの運送会社に玉を持っていって。50箱くらい」

ある年、安田町の船倉近くで県道のがけが崩れ、不通になった。馬路に通じる生活ルートはこの県道ひとつ。ここが通れなくなったら事実上、村中心部は孤島状態となる。困った。

考えた策はトラックを1台、崩壊地の向こうに置いておくことだった。馬路の中心部へはもう一つ、大回りルートがある。奈半利川に沿って北川村を魚梁瀬方面まで北上してから馬路地区に下るルートである。そのルートを使って農協のトラックを1台、通行止めの向こう側に置いた。

「バスで通いゆう人も、車で通いゆう人も、みんなあその、崩れたままの所を通りゆわけよ」

東谷さんも崩れた場所を歩いて通過した。

「箱一つが7・5キロあるわけよ。それを両手でこう持ってよねえ、25回往復してよねえ、向こうのトラックへ運んだことを覚えちゅう。毎日北川から大回りしたらそんなことせんでえいけんど、1時間近くよけいに時間がかかるきねえ」

当時、ユズ玉の需要が伸びつつあった。風呂に入れてもいいし、料理に使ってもいい。お吸い物の吸い口、ユズみそ、ユズ釜、鍋、ジャム、ユズピール……。ユズ玉は捨てるところがなかった。

「都会でどんどん売れた時代やき、売る苦労はないわねえ。市場が全部売ってくれるき」

問題は品質だった。見た目である。傷のないユズ玉を作る必要があった。いいユズを作るため、東谷さんは光江普及員の知識を吸収した。

「まあ、光江さんからは本一冊分勉強した。光江さんは『東洋の香り』ゆうユズの本を書いちゅうけんど、その本一冊分勉強した。光江さんが『東洋の香り』を出版できたのは亡くなる少し前で、そのときは馬路の農協でまとめて購入した」

# 17 ― 農協やめて俺がやる

「話はぎっちり前後に飛ぶけんどねえ。聞いた話やけんど、村議会でもユズの問題、農協の姿勢が議題へ上ってねえ。農協がもうちょっと本気になってユズに取り組めということになって。農協のユズ部会が夜の12時まで部会をやったというのを聞いたことがある。僕が担当になる前にね。それだけ農協の姿勢が問われよったと思う」

村の中ではユズの重要性に目が向いていたということだ。たとえば東谷さんが購買課にいた1974（昭和49）年、農協は大阪・千里のショッピングセンターに行ってユズ酢を売り、翌年には村内にユズ酢の生産工場を新設する。

お隣、北川村がユズで成功したことも馬路村の刺激になっていた。鍵は玉出荷だった。

74年の新聞記事を見ると、県園芸連の柚子部長を務める野川海章・北川村農協専務理事が▽玉出荷の将来は心配ない▽「酢よりも玉」を徹底させる必要がある▽ユズ栽培は収益率が高く、他の農作物よりはるかに有利――と説いている。

「百パーセントは玉で出せんき、酢にもするけんど、北川のメインは玉出荷よねえ。それで1千万稼げる農家も出るわけよ。北川は面積規模も大きいし、専業でやる人も多いき」

79（昭和54）年、望んで営農指導員になった東谷さんは玉出荷と作付の拡大を呼び掛けた。

「けんど……。農家がついてこんがよ」

なぜ呼びかけに応えてくれないのか。

「みんな営林署に働きに行きゆうわけよ。暮らしがねえ、安定しちゅうわけよ」

営林署城下町なので、働き口がある。狭い耕地で農業をやるよりは確実な収入になる。

「営林署に行ってない人でユズをやってみるゆう人もおったけんどよねえ、年間10回近く防除せんとえい玉ができんわけよ。しかもねえ、収穫のときに選別せんといかんがよ。丁寧に取って、選別せんといかん。そのめんどくささをみな嫌うてねえ。結局、搾って酢になったらえいわという考え方になってしもうて」

多大な労力をかけてまでいい玉をつくろうという雰囲気がないのである。

「当時は親父《おやじ》と一緒に自分もユズ作りよったき、玉出荷がえいのは分かるがよ。僕は本気になってやりよったけんど、1軒2軒がやったところでなかなか……。産地のブランドを作り上げていくには品質プラス量がいるわけよ。量がないところは、市場はあんまり相手にせんきねえ」

耕地が少ない。農業に重心を置く農家が少ない。経営規模が小さい。農協に力もない。行政も農業に目を向けない。ないない尽くしだった。

「農業専業でやってきたもんがおらんきよねえ、結局甘いわけよねえ。壁を越えんといかんなと思うてやったけんど……。専業農家を一人つくるゆうのもようせんかったがよ。専業農家はやっぱり1ヘクタールはいるきねえ」

1軒でいい、経営規模1ヘクタールのユズ農家を作ろうとした。が、挫折。遂《つい》に一大決心をする。

「いっそ自分が農協をやめて、ユズの専業農家になろうと思うたがよ」

思い立ったら直情径行。俺は農協を辞める、と家族に伝えた。

## 18 僕が日本一にする！

　1979（昭和54）年、営農指導員になった東谷さんは旗を振った。玉出荷のできるいいユズを作ろう、作付けを増やそう、と。

「一部の人は防除していいユズを作るところまできたがよ。けんどみなもう年がいっちゅうきねえ、10年先を考えたときにはよねえ、その先の後継者がおらんやいか」

　産地を支える次の世代がいないのである。

「営農指導ではこの村の農業は復活せんと思うたがよ。いっそ自分が農協を辞めて、専業農家になろうと思うたがよ。20代の後半やった」

　結婚し、子どももいた。サラリーマンを辞めて山の中で専業農家なんて、家族から見たら無鉄砲としか言いようがない。当然、反対された。

「家族が反対したきよねえ。『辞めたらご飯食べれんなるやいか』ゆうて」

▲20代の東谷さん

考えた末、専業農家への道は断念。農協を辞めなかったから『ごっくん』などの人気商品を世に出せたのだが、ときどき考える。

「あのとき農協を辞めちょったとしたら、村の農業自体が変わっちょった気がするなあとも思うてよねえ」

成功した農家が出れば、あとに続く農家が出る。もしかしたら北川村のように玉出荷で高収入を挙げる村になっていたかも……。

断念したあと、東谷さんは考えた。

「ほんならどうするぜと。一番困っちょったがはユズ果汁（ユズ酢）をどう売るかってことやったきよねえ、ユズ酢を売ることに専念というか、一生懸命やるようになった」

最初に県外へ行ったのは神戸だった。

80（昭和55）年の春だった。馬路村農協は搾ったユズが売れず、山のように在庫を抱えていた。在庫の多さが村議会でも問題になり、県外の物産展に出店することになった。

「物産展に参加せえゆうて役場に尻たたかれて。神戸市の大丸神戸店」

東谷さんは自身を「けっこう熱い」と表現する。このとき、その熱さが爆発した。

「前日の夜、一緒に行った清岡道敏課長と神戸の居酒屋で飲んだがやけんど、道敏さんに食ってかかってねえ。道敏さんは定年前で、まじめにコツコツやる人で、新しいことに挑戦する人やなかった。それが歯がゆかったがよねえ。酒の勢いで食ってかかって、言い合いになって。もうちょっとでけんかになりよった。たんか切ったがよ。『僕が日本一のユズ産地にしちゃる』と」

食ってかかられたことを、清岡元課長は覚えていた。40年後のことだ。

「道敏さんが亡くなるちょっと前、農協のユズ部会で会うたがよ。そのとき、こう言うたがよ。『あのときおんしゃあ俺に食ってかかったけんど、とうとう日本一にしたなあ』と。なにをもって日本一かは難しいけんど、そう言うてくれた」が、日本一と言われ始めるのは先の先の話。神戸では苦戦した。

「売れんかったたねえ、最初の2日は。なにせ売り場がトイレの前の端っこやったき」

そこに救世主が現れる。

## 19― 神戸でコツをつかむ

初めて県外へ売りに出たのは1980（昭和55）年、神戸市の大丸神戸店で行われた物産展だった。初日、2日目は大苦戦。持参のユズ酢は全く売れなかった。ところが……。

「運がよかったことに、神戸大丸に馬路村出身の深瀬という係長がおって。いや、馬路村魚梁瀬に本籍はあるけんど、馬路村には住んだことがないって言うがよ。『馬路がどんなところか教えてほしい』と。のちのち何回か村へも来てくれたけんど、まあ、あの人には世話になった」

深瀬巌係長はその場で東谷さんに運転免許証を見せて「ほら、本籍は馬路村魚梁瀬」と説明してくれた。おそらく魚梁瀬に赴任した営林署幹部のご子息だったと推察できる。かつての魚梁瀬営林署は国有林野屈指の森林資源を持ち、トップクラスの若手林野官僚が配置されていた。

「その深瀬係長が、『場所を構えるから頑張って売って帰ってくれ』と。エスカレーター前の人通りの多いところに特設台を作ってくれたがよ。そこに移った3日目からばんばん売れた。売るもんがのうなって、係長に『明日の朝には補充しちょけよ』と言われてよねえ」

商品を補充するなんて想定していない。

「こっちは（手持ち分を）売り切ったらそれでえいと思いよったがよ。百貨店側にしたらそうはいかんわねえ。で、『朝までに補充しちょけ』になったがやけんど、いまみたいに宅急便ですぐ届く時代やないきよねえ……」

馬路は遠い。どうしたものか、と考えた。

▲かつての大動脈、大阪高知特急フェリー（©高知新聞社）

「とりあえず組合長に電話して、『持ってきた分が全部売れたけんど、地下の冷蔵庫のどこどこに100ミリ瓶と300ミリ瓶に詰めた売り物のユズ酢を置いちゅうき、高知港まで持っていって大阪高知特急フェリーへ乗せてくれ』と」

大阪高知特急フェリーは県民の足として2005（平成17）年まで高知港と大阪南港を結んだ。夜に出発し、着くのは朝。

「ユズを大阪南港へ取りに行かないかんけんど、道は知らんし、ナビなんてものはないし。朝2時半に起きてぼろトラックで取りに行った。10時の開店になんとか間に合うたけんど、その日また全部売れて。もう1回送ってもろうた」

このときコツをつかむ。

「こっちもだんだんテクニック覚えてくるやいか。『これください』ってお客さんが来てもよねえ、ユズの説明をするがよ。説明する間に人が集まってきてよねえ。1人が買うたら『私もください、私も』、10人も15人もがこうのぞき込んできてよねえ。そんな山を何回もつくったら一気にはけた」

お客さんにはユズの香りをかいでもらった。

「夏は酢の物に使うたり、焼き魚にかけたり、お刺し身にかけたり、いろんな香り出しに使いますよ、と説明して。ユズの香りが初めての人もだいぶおった」

神戸の成功は弾みとなった。このときの縁からだろう、馬路村農協の顧客リストには神戸の人が多い。東谷さんは言う。

「あれがなかったら、いまの馬路はなかったかもしれん」

# 20――24時間戦えますよ

１９８０（昭和55）年の大丸神戸店を皮切りに、東谷さんは積極的に県外へ出た。主な戦場は大阪だった。

「天満橋にある松坂屋と、上六の近鉄。たまに呼ばれたのが難波の高島屋」

天満橋の松坂屋というのは大阪市中央区の大阪松坂屋デパート。現在は京阪シティモールになっている。上六の近鉄は天王寺区上本町6丁目の近鉄百貨店上本町店、難波高島屋は中央区難波にある高島屋大阪店。

参加するのは物産展である。県観光連盟に「行ってみないか」と誘われ、やがて百貨店から直接電話がかかってくるようになった。断ることはほとんどなかった。

上六の近鉄百貨店には思い出がある。

「何回か行くうち、催事担当の奥野という係長に気に入られてねえ。奈良の家まで呼ばれたがよ。奥野さんは奈良県から大阪に通いよった。一緒に飲んで、泊まらしてもろうた」。奥野さんの家庭に招待されて、酒をくみ交わし、そのまま泊まったのである。「デパートの物産展には何十回も行ったけんど、係長の家に行って泊まったのは後にも先にもその1回やきねえ」

奥野さんの年齢は東谷さんよりも10歳ほど上だった。なぜ招待してくれたのか、東谷さんはこんなふうに考える。「それだけ一生懸命やりゆうのが目に付いたがやなかったろかねえ」

物産展は120万〜130万円を売り上げて収支トントン。そこまでの売り上げは難しいが、やらなければ何も進まない。必死でユズ酢を売り、馬路村の名を売った。「1800円で泊まれる木賃宿みたいなのがあって、そこで泊まりよった」と振り返る。「部屋は畳で、風呂に順番で入るような宿やった。物産展は利益が出るわけやないきねえ」

高島屋の物産展に参加したときだった。このときはたくさん売れた。片付けをしたら午後9時半だった。1時間後、難波の街をぶらぶらと「木賃宿」に向かっていた。周りを見ると、夜中にもかかわらずビルの明かりがまばゆく光っている。まだ働いているんだな、と思った。次の日も、次の日もビルの明かりは同じだった。

「都会の人は遅うまで仕事をしゆうなあと思うて、自分の村のことを考えたがよ。自分の村は午後5時になったら酒盛りして、誰も働きやせんなあと。都会並みに仕事をしたら、これ以上は差を広げられんがやないかなあと思うて」

東谷さんは不言実行を決めた。「馬路へ帰って、毎日夜10時から11時くらいまで働いた」と明かす。「そのときはもう課長やったきねえ、時間外手当がつかんき、何時まで働いてもえいがよ」

高度成長期、日本ではモーレツ社員なる言葉が生まれた。企業戦士という言葉もあった。都会のサラリーマンを指す表現だったが、東谷さんはそれを田舎で実践した。１９８０年代の後半にはテレビＣＭで「24時間戦えますか」という軽快な歌が流れた。栄養ドリンクの宣伝だった。「24時間戦えますか」は流行語のようになった。

「あれ、自分のことやと思うたもん」。東谷さんはひたすらユズを売り続けた。物産展は行くたびに赤字だったが、収穫もあった。通販の可能性が見えたのだ。通販への進出を目指し、東谷さんはひそやかに秘密の作戦を実行し始める。

# 21―配送名簿をメモる

そのことに気づいたのは大阪のデパートでユズ酢を売っていたときだった。瓶のユズ酢は重い。家に持ち帰るのも一苦労なのだが、都会のデパートには便利なシステムがあった。

「1500円とか1800円以上買ったら無料で配達します、と。一升瓶とか720ミリリットルの瓶、重いしねえ。割れることも考えて、お客さんは『そしたら送って』と……」

お客さんは伝票に名前と住所を書き、デパートはそれを元にユズ酢を配達する。ユズ酢を購入してくれたお客さんは、使い切ったらまた購入してくれるかもしれない。ということはお客さんの個人データは宝の山なのだ、と気がついた。

東谷さんはすぐに行動した。お客さんが書く名前と住所を自分の手帳にメモしたのだ。いまでは個人情報保護でそんなことはできないが、当時はセーフだったらしい。お客さんが伝票を書くたびにさらさらっと急いでメモする。物産展に行くたび、それを続けた。

といっても1回の催事で2～3人。多くて10人。東谷さんは「気の長い話や」と振り返るが、名簿はゆっくりとゆっくりと増えていった。

もともと東谷さんは農協系統（ユズ酢は経済連）を販売の主力にする考えはなかった。通常は農作物の販売は農協系統に託すのだが、それを避けた。理由は農家の収入である。

「経済連の売り先は全農（全国農業協同組合連合会）とか大手メーカー。まとめて売るき、農家にとって有利な売り方はできんわけよねえ」

生産したユズを納めたとき、農家には農協から仮渡し金が払われる。

「全部売り終わってから費用を差し引いて清算金を払うわけよ。清算金が少なかったら農家が困るやいか。不満の声があることも聞いたし……。数をまとめて売ったらよねえ、農協を経由して組合員へ渡る金ゆうたら、やっぱり安いわけよ。そういうところへ反発して、だから小口を増やして有利販売して。一円でも農家への見返りを増やそうという考え方が自分には最初からあった」

▲丁寧に箱詰めする伝統はいまも続いている（馬路村農協）

現代の農協はスケールメリット（規模の優位性）を追求する。規模が大きければ市場への影響力を持てるし、肥料や農薬を安く仕入れることもできるという発想だ。小規模農協はそこが弱い。弱みを逆手に取り、東谷さんは逆方向に進んだ。

小口販売の柱にしようとしたのが通販だった。最初は手作り感満載だった。

「自分で原稿を書いて、役場へ持っていって。誰に打ってもろうたかは忘れたけんど、タイプ打ちの活字で原稿を打ってもろうて。商品はユズ酢だけやき、その価格を入れて、Ｂ５の紙１枚を作ってもろうたがよ。それをコピーして、あて名を書いた郵便はがきを入れて送った。それが最初のダイレクトメール」

送った人数は「50人はおらんかった」と振り返る。注文がきたらまたも手作業である。

「注文がきたらねえ、まだ農協が製材所を持っちょったき、そこで木をもろうてきてよねえ」

製材所の名は馬路村農村工業場。１９３４（昭和9）年に高知営林局の指導事業で作られ、国有林材の割り当てを受けて操業していた。

「サイズを計ってのこぎりでひいて。中の瓶が見えるようにして、一升瓶1本入りの箱を作りよった。そらあ時間かかるぜ、半日かかるも。まあ、始まりゆうたらそんなもんよ」

## 22　蒸気釜がほしかった

１９７９（昭和54）年に東谷さんが営農指導員兼営農販売課員になったとき、馬路村農協には大きなガス釜があった。

「組合長が釜を買うちょったわけよ。『つくだ煮でも作れ』ゆうて。たぶん村に尻をたたかれたがやないろうか。直径70センチの、アルミでできたでっかいガス釜。けんどそれしかないがよ」

ユズを搾ると大量の皮が残る。その皮の有効利用を考えたらしい。すでに先輩職員がユズ皮の塩漬けを作っていた。東谷さんの役割はそれをつくだ煮にし、製品化することだった。

「自分は全くど素人やきねえ、（雇った）おばちゃんらあと一緒にやった。塩抜きしたユズ皮を入れ、シイタケ入れたり、唐辛子を入れたりして、しょうゆと砂糖で煮付けていってよねえ」

煮込み始めは水分が多いので問題ない。

「ところがある限界を越したときによねえ、焦げるわけよ。その直前に混ぜ始めんといかんわけよ。そのタイミングを間違うたりしたらつくだ煮に焦げくさい香りが入る。混ぜ方が悪うても焦げるわけよ。仕上がるまで、ゆっくり、ゆっくりとこう、とにかく熱い中で混ぜないかん」

ときには失敗もした。

「焦がしたこともあらあ。焦がしたらその釜ぜんぶ廃棄やきねえ。その当時、こんまいことぜ、こんまいことやけんど、その当時ほしかったのがボイラーと蒸気釜。ガス直火《じかび》式と蒸気釜では熱の伝導が違うきよねえ、蒸気でやったら焦げることが少ないがよ。それからそういう釜には攪拌《かくはん》装置がついちゅうわけよ。けんどそれを買うにはボイラーに100万ちょっとかかって、釜で200万。やっぱり400万近くかかるわけよ」

農協が導入したガス釜は100万円だった。蒸気釜を入れる余裕なんてない。それよりなにより、作ったつくだ煮の売り先がなかった。

「売るところないがよ、馬路温泉しか。けんど馬路温泉ができちょったおかげで月

▲つくだ煮。商品化当時とはラベルが変わっている

に数百個くらいは売れよった。ほかに土産がないきよ」

村がコミュニティセンターうまじ（馬路温泉）をオープンさせたのはちょうどこの年、１９７９年。お隣、北川村に北川温泉（森林センターきたがわ）がオープンした４年後である。できたての温泉にお客さんがたくさんきた。ユズのつくだ煮を並べると、お土産としてよく売れた。

馬路村農協の総会資料を見ると、79年のユズ加工品販売高（「ユズつくだ煮他」と記載）は２０７万３６５０円。ユズ加工で年30億円売り上げるその後の歩みから見ると、小さいけれども意義深い第一歩だった。翌80年は４３６６万円、81年は

555万円、82年は594万円と、つくだ煮の売り上げは徐々に増えていった。おかげで東谷さんは念願の蒸気釜を買ってもらう。

「ほんまにこんまいことやけんどねえ、釜がやっと買えたときは、まあ、うれしかったねえ。商品が安定するやいか。作りやすくもなるし」

加工品の第2弾はユズジャムとユズみそだった。ともに83（昭和58）年に製品化した。

「今は違うけんど、最初のうちはユズみそに使うみそも自分らあで作りよった。ユズみそとユズのつくだ煮はみそが入っちゅうかどうかだけの違いながよ。つくだ煮にはちょっとだけシイタケや唐辛子も入るけんど、砂糖としょうゆを除いたら97～98％はユズ皮やき。おいしいのは僕はつくだ煮の方がおいしいと思う」

## 23 ― 北川村を追いかける

2021(令和3)年に50回の節目を迎えたフェスティバル土佐「ふるさとまつり」も東谷さんの忘れられない思い出だ。

第1回は1972(昭和47)年に高知市の中央公園で開かれた。高知市に住んでいた東谷さんは、たまたまそれを見た。

「市内で働きよったき、偶然見に行ったがよ。(馬路村の販売コーナーは)魚梁瀬の木工品で、ユズはなかった。第2回からユズも売った」

翌73年にUターンで馬路村農協に転職、79(昭和54)年に営農指導員兼販売課員になってふるさとまつりも担当する。記憶の引き出しの最初にあるのはユズ集めの苦労だった。

「毎年10月の22日か23日ごろに開催するがやけんど、そのころはユズの量がまだ集まらんがよ。色がつかんきねえ、物をそろえるのがなかなか大変やった」

並べさえすればユズ酢はよく売れた。

「県内にもあんまり置いてなかったがよ。そのとき買わんかったら買えんというか、特に搾りたてはそこで買うしかなかったき」

ユズの横綱といえば馬路村のお隣、北川村だった。幕末、大庄屋だった中岡慎太郎が奨励したという言い伝えが残るユズの里である。1965（昭和40）年ごろから導入し、村ぐるみ、農協ぐるみで作付けを増やしていた。馬路に比べると北川には水田が多い。コメの転作作物として、その水田をユズ畑に変えていく。反対の声も多かったが、成功した農家が渋る農家をけん引した。

「ふるさとまつり」でも北川村の存在感は大きかった。

「そらあ、北川の方が売れよったねえ。第1回のスタート時点から北川はユズ一本で勝負しゆうがやき。まあ、だいぶあとには馬路もひょっとしたらえい勝負しよったかもしれんけんど、お互い腹の底は見せんきねえ」

東谷さんが担当になった当時、会場は現在と同じ鏡川河畔の「みどりの広場」に移っていた。東谷さんは農協婦人部に協力を頼んだ。

「とにかく一番長いときは朝の2時半まで馬路ですしを作ってもろうた。こんにゃ

▲ふるさとまつりに持ち込んだユズ酢の巨大模型（©高知新聞社）

く、タケノコ、シイタケとかを使うたユズのすしで、『馬路ずし』と名前を付けて。これはよう売れた。一番多い日は750パック売れた。婦人部の女性たちを会場まで連れて行って、お客さんの前でちらしずしも作ってもろうた。4升炊きのガス釜を持って行って、多い日には12～13釜炊いた」

81（昭和56）年の第10回では、高さ4メートルのユズ酢の巨大瓶模型を持ち込んだ。

「山中直木さんが竹で大きな瓶の形の筒を編んでくれちょったがよ。北川村より目立つもんは何かと考えて、それに新聞紙を張って、ペンキで絵と文字を描いて会場へ持って行った。一升瓶に似せるのに1カ月近くかかった」

瓶底直径が1メートルで、高さ、直径とも本物の一升瓶の10倍。容量が千倍。迫力はすさまじく、高知新聞でも取り上げられた。

「目立たないかんと思うて必死よねえ。当時は直販所らあもなかったき、県内で売るチャンスは『ふるさとまつり』くらいしかなかったがよ。あの祭りは集客に力があったねえ。最高に売れたときは3日間でユズ酢の売り上げが200万円。そんなイベント、ほかになかった」

# 24― 大失敗だった郊外店

1980年代の初め、営農指導員兼営農販売部員として東谷さんは村内外を駆け回る。作付けを増やそう、いいユズを作ろうと農家に呼びかけ、ユズ酢を少しでも高く売ろうとした。

そのころ、組合長にこう言われた。

『モチフミ、おまえ、今の姿勢を忘れずに取り組んだら県内一の営農指導員になるぞ』と言われたけんど、県内一になったところで専業農家のおらん村やきよね、仕方ないやないかと。それよりユズを売る方が大事やなあと思うたがよ」

東谷さんは次々と物産展に参加した。農協にカネはないので、ほとんど1人で行った。

「最初は関西が中心やった。大阪高知特急フェリーを使うことが多かったねえ。商品を作って、トラックに積んで、夕方5時くらいに馬路を出て。夜9時高知港発のフェリーに乗って、次の日の朝に大阪南港。確か6月やったと思うけんど、あるとき安田町でがけ崩れがあったがよ」

その日は大しけだった。早めに馬路を出たが、がけ崩れで県道が通れなくなっていた。すぐに安田川の対岸へ回った。そちらの道を進み始めた早々、目の前のがけが崩れ始めた。

「崩れゆうがよ。ばらばらばらばらと石が落ちて。どうするか、3分か5分考えた。待ちゆう間にドカンと崩れたらもう行けけん。催事に間に合わん。催事に穴開ける、と」

しかしがけ崩れに巻き込まれたら一巻の終わり。どうするか。崩れ始めている場所の幅は20メートルほど。自重するか、強行突破するか。

「もう行け！　思うて。タイミングを見計ろうて突っ込んだ。あのときは命懸けやったねえ」

東京での催事には主に室戸汽船のフェリーを使った。1975（昭和50）年に就航した航路で、東洋町甲浦と神戸を結んでいた。瀬戸大橋ができるのは1988（昭和63）年である。それまではフェリーが物流の大動脈を担っていた。

「東京やったら夜通し走らないかんきよねえ。夜11時に神戸へ着いて、休みなく走って10時間。そのまま荷出しをして、午前10時の開店に間に合わせて晩まで寝ずに売って。ナビもない時代やきねえ、都会に着いたら、地図を見ながら、迷いながら目的地を探した」

東京のスタートはスーパーの郊外店舗だった。

「県の紹介やったけんど、びっくりしたねえ。周りは田んぼで、平日昼間にはぜんぜん客がおらん。売り上げが1日1万円とか、ひどい目におうた。4店舗くらい連続契約しちょったけんど、そんなところばっかり。大失敗やった。なんでもかんでも行かれんなあと思うた。人が入っちょって売れんのは仕方ないけんど、1時間に数人しか前を通らんかったらどうしようもないぜ」

デパートの催事ではユズ酢を使ったすしを所望されることもあった。物産展でコメを炊き、ユズのすしをその場で作って販売する。その場合は農協婦人部の女性たちに応援を頼んだ。

「物産展は1週間やき、前後を入れたら9日、10日かかるがよ。そんな長い間、家を空けて来てくれる女性たちの応援があったき、ユズのすしを広めることができた。乾一枝さんがよう行ってくれたなあ」

## 25——龍馬に一喝された

20代後半、ユズ酢の販売に駆け回っているころだった。あの坂本龍馬が夢に出た。

▲夢に出てきた坂本龍馬（高知市桂浜の坂本龍馬像）

「なんと平和で退屈な時代に生まれたんやろう、龍馬みたいに命を懸けることをやりたいなあと思いよったときやったがよ。龍馬が夢に出て、『なにを言いよらあ！あほう言うな！』と。『おんしゃが生まれた時代にもおんしゃもやることあるろがや』と言うた瞬間、消えた」

びっくりして飛び起きた。なんだ、夢だったのかと思いながら龍馬が立っていた場所に目をやった。当たり前だが、龍馬はもういなかった。

「青年団の時代から龍馬のことは意識しちょったがよ。日本を自分の足で駆け回った龍馬のカバン持ちがしたかったなあ、なんと平和な時代に生まれてしもうたんやろう、と」

布団の中で龍馬が言ったことを考えた。

「龍馬に言われた通りかもしれんなあ、ユズを売ることが俺の仕事やなあと思うたがよ。龍馬は日本の国を変えようとした。龍馬に比べたら命を懸ける仕事やない、小っちゃい仕事やけんど、これが自分に与えられちゅう仕事やなあ。これもようやらんかったらいかんなあ、と」

退屈しよったがよ、と明かす。

「県の青年団の役員をしよったときは県内各地を走り回って、夜も家におらんかったがよ。母親にも『まあじっとしておらん子やねえ』と言われよったし。忙しい青年団活動を卒業してよねえ、まあ、退屈しよったがよ」

仕事は「購買」から「販売兼営農指導」へと代わっていた。

「販売ゆうても、青年団で走り回りよったときの忙しさやなかったきねえ」

馬路村は山である。どこかに向かう街道が通っているわけでもない。安田川をさかのぼった先に深い山があり、山で生活する人たちが切り開いた街がある。街道がないから日常的に多くの旅人が行き交うこともない。極言すれば、人も文化もそこで完結する地が馬路村だった。

県土を駆け回っていた東谷青年からしたら、刺激は少ない。つい龍馬と比べてしまう。もんもんとしていたとき、夢に龍馬が出た。

「自分で考えよったことが夢に出たがやろねえ。（龍馬の夢のことは）いまも強烈に残っちゅうき、強烈やったがよねえ」

龍馬にスイッチを入れられた東谷青年は、ユズに生活のすべてを注ぐようになる。寝ても覚めてもユズのことを考えた。

「農協の組合員に『いまからユズを植えたいと思いゆうけんど、どうやろ』と言われたら『植えてや、責任もって全部売るき』と答えて。組合員には夢を与えんと。『やめちょき』ゆうたら成長もないわねえ。その代わり、言うた以上は死に物狂いで、責任もって売らないかん」

もちろん県内でも売るが、県外の顧客を伸ばす必要もある。問題は食文化だった。

「ユズは奈良飛鳥時代のころに日本に入ってきて、全国各地に古木がある。ところが酢の文化は高知にしかないがよ。高知県の山間部だけ。ユズの果汁を何にでも利用する地域は高知県の中芸地域と、安芸郡と、大豊町くらいしかない」

高知県ではユズ酢を魚にかけるしすしにも使う。その食文化が他県にはないのである。だからこそ都会でユズ酢を広める必要がある。土佐の食文化を知ってもらう必要がある、と東谷さんは考えていた。

## 26—橋を渡ったらいかん

夢といえば、こんな夢の記憶が残っている。

川に木の橋が架かっていた。

川幅は約5メートル。ゆっくりと、ゆっくりと、人の列が向こう岸に渡っていく。みんな白い服を着て、頭に三角の白い紙を着けている。

自分も橋を渡ろうとしたときだった。

「声が聞こえたがよ。『その橋渡ったら、戻って来れんなるぜえ』と。母親の声やったと思う」

その夢を見たのがあのときだったのかどうか、今はもう判然としない。しかしあのとき、あの世に行きかけたことだけは事実だった。

1983（昭和58）年11月、31歳の東谷さんは農協の集出荷場にいた。後輩の北岡雄一さん（現組合長）を大阪の松坂屋で開かれる物産展に派遣したあと、そこで売るユズ酢を送る準備をしていた。デパートでユズ酢を売れば、香りに誘われて次々と人が寄ってくる。北岡さんには「商品はあとからなんぼでも送るき」と伝えていた。

パートの女性たちがユズ酢の一升瓶を10本入りの木箱に入れて台車に載せる。その台車を小さなエレベーター（大きめのリフト）で地下の冷蔵

▲馬路に向かう道。未改良部分は今も残る（安田町内）

庫へ下ろしていた。

「リフトには扉がないき、空の台車を上げるときは台車の握り手をリフトの鉄棒にくくっちょかないかんがよ。女性たちにそれをちゃんと説明してなかったき、上がる途中に空台車が動いて鉄骨に引っかかってしもうたがよ」

直径10センチくらいの鉄骨が組まれ、重いリフトを支えていた。リフトには内扉がないため、台車が動いたら外にはみ出してしまう。懸念通りのことが起こり、リフトが動かなくなった。

「1階のすぐ下で止まってしもうた。リフトの扉（外扉）を無理にこじ開けて、人一人分の隙間を作って、鉄骨を伝うてリフトまで下りたがよ。中は真っ暗いき、パートの女性に懐中電灯で照らしてもらいながら」

リフトに乗り、台車を引っ張って鉄骨から外した。と……。

「外したわと思うた瞬間に、イコール転落。一瞬やったねえ」

どういうわけかリフトのワイヤが緩んでいた。つまりワイヤではなく、鉄骨プラス空台車がリフトを支えていたらしい。鉄骨と台車が離れた瞬間、リフトが落ちた。落下の勢いでワイヤ自体が切れた。奈落の底へと一気に落ちた。

「4メートルばあやったろか。底まで一気に落ちて、落ちた衝撃で台車が跳ね上がって角っこが額の真ん中を直撃した。鉄の台車やきね、すごい衝撃やった」

台車の角にはゴムはなく、角っこは鉄。

「直後はわずかに意識があって、痛い手を頭に持っていったら、少し滑ったがよ。これは血い噴いたなと。死ぬんだなと思うた。瞬間、頭をよぎったがよ。『彩世《あやせ》に申し訳ないなあ』と」

彩世さんというのは東谷さんの長女。2番目の子どもさんである。

「生まれたばっかりやったがよ。彩世になにもしちゃれんなあと思うたのを覚えちゅう」

わが子を思いながら、気絶した。

夢を見たのはそのときだったか、病院だったか、もっとあとだったか。

三途《さんず》の川を渡るのはやめたものの、命にかかわる事態に変わりはなかった。馬路村に救急車はない。大きな病院もない。街は遠い。

## 27　お前はまだ死なれん

1983（昭和58）年11月、農協の倉庫で台車と一緒に4メートル落下、跳ね返った台車の角で額を直撃された話の続き。

命を救ったのは頭のタオルだった。

「そのころ、忙しゅうて。自分、忙しいときは頭へタオル巻きよったきねえ。そのときも伸ばしたタオルを2回折って、4重にしたのを頭の後ろから前へ巻いちょった。額は8重やったかもしれん。それでも額が割れたきねえ。巻いてなかったら……いかんかった（死んでいた）ねえ」

事故が起きたのは夕方の4時ごろだと思われる。ちょうど営林署のバスが通りかかった。当時はまだ営林署も元気で、毎夕方には安田川上流の現場から作業員を乗せたバスが戻ってきていた。

「パートの女性が『助けてくれー！』ゆうてバスを止めて、営林署の人が4、5人で鉄骨伝いに地下へ降りて、鉄骨につかまりながら1階までひっぱり上げてくれた」

　上げてもらう途中で意識が戻る。

「ワイワイゆう声で気がついた。15分か20分ばあ気絶しちょったと思う。あ、生きちゅうと思うて。痛さは感じんかった。神経が切れるくらいガイにいっちゅうがやきねえ。1階の床へ寝かされて、女性が7、8人集まってきて。女性の1人がワーッと泣きだしたがよ。『ああ、俺どんなになっちゅうがやろう、よっぽど血もつれになっちゅうがやなあ』と思うて」

▲頭にタオルを巻いた東谷さん。タオルに命を救われた

　連絡を受け、父の競さんが飛んできた。競さんの車の荷台に載せられ、村立馬路診療所へ。医者が「こらいかん、

はよう高知の病院へ連れて行け」と言うのが聞こえた。「目は開いてないけんど、声が聞こえた」と東谷さん。救急搬送しようにも、救急車は海岸沿いの田野町にしかない。競さんの車に寝かされたまま村を出た。

「（安田町の）島石で田野から来た救急車に移されて、芸西村まで行って、そこまで近森病院（高知市）の救急車が来てくれちょって、その救急車に移されて、近森病院へ入った。着いたのは午後6時半か7時やったと思う。医者が『陥没骨折やき、すぐ手術や』と言うのが聞こえた」

手術の翌日、どんな顔になったか見てみたいと思って鏡を見た。

「真っ黒い糸で、クモの巣みたいに（額周辺を）縫うちょって。フランケンシュタインみたいになったなあと思うた。『何針縫いました?』と聞いたら『200針ばあ縫うた』と」

大けがだったが、1週間ほどで退院した。

「医者が『抜糸したらすることがないき、退院していいです』と。『頭ははれちゅうけんど、もうできる措置はない。砕けた骨はのけましたよ、（額の骨は）二重やき、中の骨はあるき』と……」

はれが引いたとき、額は10円玉2個分の大きさで1センチへこんでいた。

「それからずっとシリコンを入れてへこみをカバーしよった。20何年後、頭がはれてきたとき、病院に行ったら『化膿《かのう》しちゅう。もう1回手術せないかん』。7〜8時間手術して、頭の横の骨を削ってへこみへ入れた。それまでは違和感があったけんど、骨同士やきひっつくわねえ」

シリコンが入っていたら違和感があるが、自分の骨だったら違和感はない。

事故からもうすぐ40年。

「人生終わったと思うたけんど……。お前はまだやることがあるき、死なれんということやったかもしれん」

# 28 — 大豊作で大暴落

東谷さんが農協の倉庫でリフトとともに落下、重傷を負いながらも九死に一生を得た1983（昭和58）年は、馬路のユズ栽培にとっても特筆される年となった。大豊作だったのである。馬路だけではない。高知県中のユズが大豊作だった。

豊作貧乏という言葉があるが、まさにそれ。どの産地も供給過剰でユズ酢がだぶついた。

「よう売らんき、価格が下落するわねえ。いったん下がってしもうたらその値段が通常の流通価格になって、回復せんなる。そうなると農家が打撃を受けるきよねえ」

馬路村農協は直販と通販に力を入れていた。おかげで価格暴落の痛手は少なかったが、やはりだぶついた。東谷さんは割れた額にシリコンを入れ、傷跡も生々しい状態で戦列に復帰する。

「昭和59年の年が明けて、まだどっさり（ユズ酢が）残っちょって……」

県内の旅館を回ると、最も大量にユズ酢を使っていたのは高知市の三翠園だった。

「たまたま営業に行ったら、和食の調理長が出てきて、『毎月一升瓶で１００本使いゆう』と。主にカツオのたたきに使いゆうと。どこのユズ酢か聞いたら大豊町のやと。見積もりを出してくれと言われたけんど、そこで考えたがよ。大豊を出し抜くためには安うせんといかん。そんなことをしよったら産地同士が食い合うだけやと」

安値競争の果ては、共倒れである。

「最終的にはうちの見積もりが通ったけんど、そのときに思いを強うしたがよ。県内で首を絞め合うたらいかん、県外で売らんといかん、と」

だぶついたユズ酢を売るため、公設市場に出すことも試みた。

「ひょっとして扱うてくれんかと思うて。（高知市）弘化台の中央卸売市場にユズ酢一升瓶６本入りの箱を三つ持って行った。『置いていきや』と言うてもろうて、置いてきた」

忘れたころ、電話がかかってきた。

「『買い手がついちゅうけんど、１本５００円ぞ』と言われて。普通は１本３千円やき、大赤字やいか。経済連通じても2千円やけど、よう売らんなっちゅうがやきねえ。授業料やと思うて、『もうそれで売ってや』と言うた。それ以来、市場へは持って行ってない。余ったらそんなもんよ」

豊作になるとユズ酢がだぶつく。それは危険だ、と考えた東谷さんは行動を起こす。

▲濃縮ユズジュースの大先輩「柚華」（北川村の池田柚華園）

それがのちに「ごっくん馬路村」へとつながっていく。

東谷さんは79（昭和54）年からユズの加工も手掛けてきた。最初にユズのつくだ煮を製品化し、83年にはユズジャムとユズみそを売り出している。しかしいずれも主原料はユズ皮である。搾汁後のユズ果汁はユズ酢として売っていた。

ユズ酢の販売時期は主に秋から春だが、豊作時にはさばききれない。通販や直販の品ぞろえからしてもユズ酢だけでは弱い。特に夏場の売り物が弱い。ユズ酢を原料にして夏場にも売れるもの、と考えてジュースに行き着いた。

ユズジュースは79年に北川村の池田鉛平さん、本子さん夫妻が「柚華《ゆうが》」と名付けて製品化していた。ストレートではなく希釈して飲むジュースである。そのあとを追おうとしたのだが……。

「県の工業技術センターに電話したら『先に柚華へアドバイスしたき、教えるわけにはいかん』と言われてしもうて。困った。どうやって作ったらえいか、全く分からんがよ」

# 29 「柚華」の背を追って

１９８４（昭和59）年。だぶついたユズ酢の販売で苦労した東谷さんは、北川村の「柚華《ゆうが》」を追って希釈用ジュースの開発を試みる。

「ユズを搾るがは分かるけんど、そっから先は僕は分からんがよ。全く分からんかった」

いまはストレートジュースがほとんどだが、当時は希釈用飲料にも人気があった。代表格が乳酸菌飲料のカルピスである。

「高知スーパーにおるとき、カルピスが入ってこんがよ。なんぼ発注しても。週に50ケースくらいくるけんどよねえ、すぐ売れて足らんなる」

希釈用飲料に人気があると分かってても、まず商品を作らないと始まらない。

「人に聞いて回ったら、ユズに砂糖を加えると。なんせ素人やきねえ。タンクメーカーにも聞いて、自分なりに考えたのがユズに液糖、異性化糖ってのを入れて、若干ハチミツを加えるやり方」

ハチミツを加えたのは後味のため。

「液糖だけやったら後味がよろしくないがよ。それでハチミツをいくらか入れて、後味の悪さを消して。お砂糖でも別によかったけんど、砂糖を使ったら溶けるのに時間がかかってよねえ、製造にものすごく時間がかかるきね」

開発に使える資材は小さいメスシリンダーとはかり、小鍋だけ。85（昭和60）年、それらの器具を使って東谷さんは6倍希釈のユズジュースを完成させる。つけた名前は「ゆずの園」。700ミリリットルの角形瓶に入れることにした。

「やっと買うてもろうた機械がボイラーと、ユズと異性化糖とハチミツを撹拌《かくはん》する180リットルの加熱タンク。充てん機は手動のがあったきよ。それぱああったらいちおう作れた」

ラベルのデザインは難航した。

「ちぎり絵にしようと思うたけんど、どうも絵柄が使いづらい。それで誰かデザイナーを探したけんど、なかなか見つからん。結局、森下さんゆうデザイナーに頼んでやってもろうた」

味の特徴は、『柚華』がちょっと酸味が強かった気がするねえ。好みは分かれるろうけんど」と振り返る。「柚華」の存在感は大きかった。

「先行しちゅうばあ『柚華』が売れゆうわねえ。高知大丸でもどーんと売りゆうし。うちはこれから市場開拓するぜ、みたいな感じじゃやしねえ」

ジュースは商品の幅を広げてくれた。

「ユズの100%果汁（ユズ酢）しかなかったときに比べたらよねえ、夏場が仕事がのうて弱かったけんどねえ、夏場にいくらか稼げるようになったきねえ。そういう商品が一つできると、今度はギフトというか、贈り物に組み込むことができるようになって、ちょっとずつちょっとずつお客さんがつき始めたわねえ」

数年後、東谷さんは製品名を変える。

「4、5年後に名前を変えるがよ。組合長にはだいぶ怒られたけんどねえ。変えたらおカネがかかるやんか。ラベルとか箱とか。組合長には『変えるな』ゆうて怒られたけんど、なんとか変えた。変えた理由はねえ、『ゆずの園』ってなんか野暮《やぼ》ったいって言われたがよ。新しい名前は『ゆーず』。もう何十年もそれで続いちゅう」

# 30　勉強代は「2万箱」

1985（昭和60）年、6倍希釈の濃縮ユズジュース「ゆずの園」ができたことで、馬路村農協はギフト商戦への復帰を果たした。

「復帰」という表現には注釈がいる。その5年ほど前、ギフト商戦に挑戦して手ひどくはね返されていたのである。

営農指導員兼営農販売課員になって間もないころだった。ユズ酢の販売に頭を悩ました東谷さんは、食品ギフトに目を付けた。

「高知のもので県外に送れる食べ物って何があるぜって考えたがよ。お菓子類はあった。（菓子メーカーの）浜幸があったり、青柳があったり。果物は新高ナシや山北ミカン、文旦があったけんど、その季節だけながよ。ほんで、県内の人が県外へ何か送ろうとする場合に食品ギフトがいるがやないかと。それはやらないかんと思うて……」

しかし商品はユズ酢しかない。

「作ったのがユズ酢だけのギフト商品。もちろん搾った時期が一番フレッシュ感があるけんどねえ、300ミリリットルの瓶を2本入れたギフトセットを作った」

これが見事にこける。

「全く売れんがよ。組合長がそのとき、安芸市の印刷屋に頼んで2万枚も作っちゅうがよ。安芸の印刷屋も自分のところでは作れんので高松の印刷屋で作っちゅうと思うがよ。数がまとまったら単価が下がるきよねえ、とにかく2万枚」

2万枚というのはギフト用のパッケージになる厚紙のこと。上箱と下箱、仕切りがセットになって2万箱分。

「1個なんぼかかったか忘れたけんど、数作ったら安うなるゆうのはそら分かるけんど、2万箱らあ、最初からよう売るわけないやいか。ほんで結局ねえ、ギフトって難しいというのでストップするがよ。山積みにしてあった箱のシートにカビがきて、2万箱分、全部捨てた」

以来、ギフトには手を付けなかった。が、県外の物産展に行くとギフトが目につく。

「夏のお中元ごろにけっこう物産展があるがよ。県外の百貨店に行ったら、ワンフ

▲催事に出店、ギフトセットを売る東谷さん

ロア使うてギフトコーナーがオープンするし、食品売り場でも一人が何十個も買いゆう。それを見てよねえ、やっぱりギフトっているなあと思うてよねえ」

「ゆずの園」の完成はそんなときだった。

「それでまたギフトづくりの第2弾が始まるがよ。けんど、商品アイテムはそれほどない。馬路村ゆうブランドが通用するわけでもない。で、頼ったのが龍馬」

新たなギフトセットにつけた名前が「竜馬の国から」である。神頼みならぬ龍馬頼み。ギフト商戦への復帰を坂本龍馬の知名度に託した。

「龍馬と馬路は関係ないけんど、『竜馬の国』やったらOKかな、と思うてよねえ。『竜馬の国から』の商標も取って。龍馬ブームのあとやったらたぶんこんな商標取れんかったろうけどねえ」

早速、県外の物産展に持って行った。

「中身には『ゆずの園』を入れたり、ユズ酢を入れたり。これがギフトの売れ始めやったねえ。やっぱりユズ酢だけを詰めよった時代とは違うた。単に龍馬で売れたわけではないと思う」

## 31―梅がシカにやられた

ユズの加工に手を付けながら、東谷さんは「ユズだけではだめだ」とも考えていた。「ユズに次ぐ農作物をそろそろ考えておかんといかんな、という思いがあって。梅に興味を持っちょったがよ。収穫時期が梅とユズは正反対やきね。梅は6月、ユズは11月やき」

梅ならユズの作業が暇なときに取り組むことができる。どちらかが暴落してももう一方が支えてくれるに違いない。ところが馬路村は過去に梅で痛い思いをしていた。農協に勧められて栽培を始めたものの、供給過剰の大暴落で壊滅。その記憶が村内にはまだ残っていた。

なぜ失敗したかを東谷さんは考えた。

「梅の場合は市場出荷しか農協はやってなかったわけよ。市場へ出荷する手伝いだけ。馬路の梅が市場に出るのは高知市周辺（鏡村など）の梅が出回ってからやき、そのあとで市場に出しても高うに売れるわけがないわねえ」

考えたのは加工である。ユズの加工を手掛けて気づいたのは、商品化までたどり着いたときの付加価値の多さだった。梅も加工したらいけるのではないか。そう発想した東谷さんは、和歌山県の大産地に足を運ぶ。

「農家が加工しゆうがよ、20％の塩蔵漬けに。ある程度漬かったあとで10キロ樽に入れて、樽で売る。最初の一次加工は農家がやりゆうわけよ。加工すると早い遅いは関係ないわけよ」

▲東谷さんのユズ畑。以前はこの奥に梅を植えていた

早い遅いというのは出荷時期のこと。

「農産物って、出始めは（価格が）高いけんどねえ、（出荷が）最盛期になったら暴落する。けんど加工品はそれが関係ない。ということを考えたらよねえ、梅の加工までやっちょったら大暴落はなかったかもしれんなあ、と」

ただし、紀州の農家は規模が違った。

「あっちは一軒の家が何ヘクタールでよねえ、大きいがよ。僕が見に行った中で大きい家は一軒で5千樽作りよった。一樽いくらかゆうたら、安いのが8千円くらい。大きゅうてきれいな梅が1万6千円。平均1万円としても5千樽やったら5千万やきねえ。そればあ作るゆうたら人も雇わないかんけんど、やり方やなあと。市場しか見てなかったら相場に左右されるわなあと」

加工を農協が引き受けたら馬路でもうまくできるのではないか。東谷さんはそう思ったが、暴落の失敗に懲りて誰も梅を植えようとしない。それならば、と東谷さんは自分で試みた。

「畑に30〜40本の梅を植えたがよ。けんど、シカにやられてしもうて。梅の木をシカにボキボキ折られて、いかんなってしもうた。昔はシカはほとんどおらんかったがよ。猟をする人が『徳島側にはいっぱいおるぞ』ゆうて言いよったら、いつの間にかそれが高知県側に入って来た」

結局、梅の導入はやめた。

「最終的に行き着いた結論は、この村の人口で両方やったとしたら、一人の人が両方やらないかん。それはちょっと無理があるなあと。収穫時期は違うけんど、ユズはユズで手入れがいるき。6月は6月の草取りや防除があるがよ。せん定もあるし、大規模にやるがやったら両方は無理やなあと思うた」

## 32──一村一品の風受けて

この連載のタイトルに「村を作りかえた」とつけたのは東谷さんの強い希望だった。

東谷さんは「ごっくん馬路村」などのヒットで馬路村農協のユズ商品販売高を日本一にしたのだが、結果としてそれが村を作りかえることにもつながった。東谷さんからは「村づくり」「まちおこし」という言葉が頻繁に出る。言葉が映す時代の風を東谷さんは感じていた。

「僕はねえ、時代がよかったと思うがよ。そういう決めごとをしたけんど、一村一品があったがやき。大分から始まった一村一品運動。小さい、ユズしかない村で、これを核として新しい村づくりが堂々とできた時代やったきねえ」

一村一品運動は大分県大山町（現日田市）の梅、栗作りをヒントに1979（昭和54）年、同県知事の平松守彦氏が提唱した。全国に通用する一品を作ろう、という呼びかけに多くの町村が参加。県や国境を超えて地域おこしブームが起きた。

「そういう決めごと」というのはユズの流通を高知県で一本化するという決めごとである。これは何度も課題となっていた。たとえば74（昭和49）年から経済連はユズ酢を県内統一ラベルで売ることにした。つまり県内のユズ酢を経済連に集め、「高知のユズ酢」として販売するのである。同年、県の園芸蚕糸課長は「ユズは有望だ。県下生産市町村一本化への指導をこれまで以上に強力に行う」と発言する。北川のユズ、馬路のユズ、物部のユズではなく、高知県のユズとして売る。量とブランドを経済連に一本化することで都会の市場に影響力を持つという作戦で

▲村境の看板。東谷さんは「馬路」を丸ごと売り出そうとした

ある。

その後も一本化の話は出続けた。大丸神戸店で初のデパート催事を経験したあと、東谷さんは清岡道敏課長からこんな話を聞く。

「『県内のユズ産地がそれぞれ開拓した得意先を経済連に預けて、個々の農協では売らない、経済連に販売を委託するという話になった』と。僕はそれはおかしいやないかと思うてよねえ。その考えには自分は乗らんかった」

東谷さんの頭には一村一品運動や地域おこしがあった。一本化はむしろ時代に逆行すると思っていた。「自分たちが向かったのは『馬路を売る』という地域ブランドづくり」と振り返る。それまで通り、デパートの催事や通販で「馬路のユズ」を一人一人の個人に売ろうと努めた。

このころ東谷さんは鳥取県で行われた農林水産省主催のフォーラムを聞きに行っている。

「参加する人は物産を陳列してくれゆうことで、ギフトを持って行って並べた。ギフトセットの『竜馬の国から』ができたころやったと思う」

フォーラムは東谷さんに刺激を与えた。

「芸術祭をやりゆう福井県の村とか、全国の頑張りゆう町や村が来ちょった。聞きよって分かったがよ。村づくり、まちおこしをやりゆうところはどこも個人で頑張った人がおるがやと」

個人でも頑張れる。個人が頑張らないと地域は変わらない。またスイッチが入った。

同時に、農協への疑問も膨らんだ。

「全国どこの農協も地域づくりやまちおこしに参加してないなあ、それは農協の体質に問題があるなあと思って。職員が（共済や貯金の）ノルマ達成に日夜働きゆうき、地域づくりに参加する余裕がないがやないかなあと」

個人でもやれる。個人が頑張らないといけない。そう思いながら働き続ける東谷さんに、転機がやってくる。

# 33 サラサラ、「はいっ」

1985（昭和60）年ごろのことだった。馬路村農協に2人の男がやって来た。

「『おらんく自慢』って覚えてない？　デザイナーの梅原真さんと松本というサニーマートの社員がねえ、県内の村や町を回って、むらおこし案内人みたいなことをやりよったがよ。うちへも来てくれんかなあと思いよったら、来てくれた」

「おらんく自慢」はサニーマートの企画だった。中心になったのは同社スーパーマーケット事業部の松本進久さんで、県内の地場産品を発掘しては「おらんく自慢」と名付けて店で売っていた。

「『ジュース作ってくれ』と言われたがよ。そのとき、薄めるジュースはすでに作りよったがよ。ところがストレートジュースを作ってくれと。『1リットルくらいのストレートジュースを作ってくれたら売っちゃらあ』みたいな話やった」

希釈用ジュース「ゆずの園」はできていたが、ストレートジュースを作った経験はない。

「困ったなあ、ストレートの作り方が分からんと思いながら、水を入れて、ユズ入れて、蜂蜜と砂糖を入れて。何回も何回も試作をしていってよねえ、商品をいちおう作った」

900ミリリットルの瓶入りで売ることに決め、梅原さんの事務所に行った。

「当時、梅ちゃんの事務所が高知市一宮にあったがよ。看板屋の二階にあって。そこに行ったら、梅ちゃんが墨でサラサラっと描いて、『こんながでえいかぁ。はいっ』ってもろうたがよ」

サラサラっと描いてくれたのはラベルのデザインである。商品名は「ゆずの村」となっていた。

「『ゆずの村』を見たとき、『野暮《やぼ》ったい名前やなあ』と思うてよ。自分がまだ村に自信がないきよ、村ってつけとうないがよね。もうちょっとおしゃれで田舎くささのないような名前をつけたいと思うたけんど、梅ちゃんが『これ』って言うきよ、もうしゃあないなと思って」

数年後、同じ名の付いたぽん酢しょうゆが日本中を席巻するとは夢にも思ってい

▲「ゆずの村」。当初は名前にもデザインにも抵抗を感じた

ない。

「ぽん酢の名前は全然考えてなかったきねえ、結局、ぽん酢も一緒に。ほぼ同じときに作りよったき、梅ちゃんが『もう両方ゆずの村にせえや。ぽん酢も一緒にせえや』ゆうて……」

名前も野暮ったいと思ったが、ラベルのデザインも実は田舎っぽいと感じていた。

「このデザインがよねえ。田舎くさすぎてねえ、都会受けせんと思うたがよ。僕が狙うちょったがは都会やきねえ。都会でものを売るには田舎くささがあったらいかんがやないかって思うちょった。都会の真似《まね》したら田舎の商品は売れんということに気がついたがは、だいぶたってからやった」

そのラベルはいまも使っている。つまりロングラン商品を支えるデザインだった。

「やっぱりそれがデザインの難しいところかなあと思う。あんまり田舎を出してもいかんけんど、あか抜けした田舎のよさゆうか、センスみたいなもんがあったら受け入れられる」

ぽん酢しょうゆと同じ名がついたこの大瓶ジュースが、やがて「ごっくん馬路村」へとつながっていく。飛躍が目の前に迫っていた。

## 34 ―「ぽん酢を作りゆう」

梅原真さんにストレートジュースの開発を勧められた1985（昭和60）年ごろ、東谷さんはぽん酢しょうゆの試作にも取り組んでいた。

「ユズの消費量で何が多いかを分析したがよ。そしたら鍋に使うのが多い。たとえば水炊きのときは、しょうゆとユズと大根おろしで食べる。それがユズの消費の中では一番多かった」

やがてぽん酢しょうゆが馬路村農協を支える柱の一つになるのだが、そこに触れる前にちょっと寄り道。現在、馬路村農協が販売しているぽん酢しょうゆのラインナップを紹介しよう。

大黒柱がご存じ「ゆずの村」である。瓶に加え、ペットボトルも出している。その大黒柱に弟が生まれたのは２０１１（平成23）年で、最初に誕生した弟分がぽん酢しょうゆ「千人の村」。これはユズの使用量を増やした。今、同じ商品が量販店ではぽん酢しょうゆ「馬路村」として売られている。

「通販は『千人の村』でえいけんど、流通へ流すやったら『千人の村』では売れんろうって。馬路の名前がだいぶ浸透してきたきよねえ。『ゆずの村』の第２弾として『馬路村』がえいろうと。で、流通に流すときは『馬路村』にしたがよ」

続いて「朝日出山」「のーがえい」を出し、最後が「組合長」。それらは通販と馬路村内、高知市南久保の馬路村農協ショップで扱われている。

『朝日出山』は有機ユズを使い、減塩にした。『の－がえい』は、水で薄めたらそうめん汁にもなるぐらいユズを薄めにしてだしを利かせたタイプ。これもおいしい。特に女性に人気がある。最後に出した『組合長』は食品素材にこだわった。いい食品素材で風味を出したいと思うて」

「組合長」を商品化したのは21（令和3）年。東谷さんが組合長まで務めあげた馬路村農協を辞める1年ちょっと前である。東谷さんのこだわりでできた商品なので、名前もずばり「組合長」。

長兄の「ゆずの村」を東谷さんが商品化したのは1986（昭和61）年だった。その1年前から農協の加工場でひそかに開発を始めた。

「隣の安田町にダイイチダルマ食品のしょうゆ工場があって、上甫木弘吉さんゆう馬路出身の社長がおったき。上甫木さんに頼んでしょうゆを分けてもろうた」

人目につかないところでやろうと、試作用のタンクを加工場の2階に上げた。

「タンクにしょうゆを入れて、かつお節を削ったのを網に包んで中につるした。そうやってだしを出しよったところへ高田茂さんがぼこっと来た。もう亡くなったけんど、高田さんは愛媛県にあるしょうゆ会社の社長さん。なんで知り合いかゆうた

▲「ポン酢しょうゆ」兄弟。「千人の村」は量販店では「馬路村」

ら、橋本醸造の橋本泉社長の紹介ながよ」

橋本醸造というのは高知市の橋本醸造用品。東谷さんは同社と瓶の取引をしていた。

「高田さんがぼこっと来て、『何しゆぜえ』って言うき、『ぽん酢作り始めちゅう』って言うたら『協力しようか』と」

高田さんの協力でぽん酢を完成させ、86（昭和61）年に商品化する。名称はストレートジュースと同じ「ゆずの村」。地味な商品だった。

特に東谷さんは名前に引っかかりを感じていた。

「梅ちゃん（梅原真さん）に言われて『ゆずの村』にしたけんどねえ、やぼったい名前やし、だいたい村自体にも自信がないしよねえ」

売れ行きも地味だった。全く期待しない商品だったのだが、一夜にして大化けする。

## 35 発端は「とでん西武」

１９８６（昭和61）年に売り出したぽん酢しょうゆ「ゆずの村」は１本５００円だった。大手メーカーの類似品と比べると値段が高く、販売ルートは貧弱だった。売れ行きは悪かった。

「どうしても高うなるがよ。原料のユズを組合員からきちんとした値段で買わんといかんき。大手メーカーは全国から安い産地のユズを探して買うたらえいき、原料の価格が全然違う」

転機のドラマは「とでん西武」から始まった。

高知市のど真ん中、はりまや橋交差点にあったデパートである。58（昭和33）年に土佐電気鉄道（合併してとさでん交通）が「土電会館」としてオープンさせ、映画館や屋上遊園地、ホールを備えたターミナル併設百貨店として人気を集めた。70年代に西武百貨店と提携して「とでん西武」となり、90年代には「高知西武」と名称を変更。人の流れが郊外ショッピングセンターに移ったこともあり、2002（平成14）年に閉店する。1980年代、東谷さんは場所を借りる形で「とでん西武」にときどき出展していた。

「西武のほうから情報が入って、東京の池袋本店で5月のゴールデンウイークに『日本の101村展』をやると。参加町村を募集しゆうというので手を上げたけんどよねえ、外されたがよ」

これが1985（昭和60）年、初回の101村展だった。翌年、東谷さんは再び手を上げる。「そしたら採用いうか、案内が来たがよ」。86（昭和61）年の第2回に参加できることになった。

「ゴールデンウイークを棒に振って参加せんといかんけんど、そんなチャンスめったにないきよ。聞いた話で正確かどうかわからんけんどねえ、（西武池袋駅には）

▲高知市中心部の象徴だった「とでん西武百貨店」（1985年、 ©高知新聞社）

お客さんが1日30万人来るって。みんながデパートに入るわけじゃないけんどよねえ、そんなところでやってみたいっていうのがあってよ。気合入れて行ったねえ」

役場は職員1人を帯同させてくれた。森林組合に話をして、工芸品も携えた。

「ユズを広めたいって思うたらやっぱりユズずしを作らないかんろうと。仕切られた中でご飯たいて、ユズ酢を合わせて、ユズのすし飯作ったら絶対フロア中にユズの香りが漂うきよねえ」

タケノコやアメゴ、シイタケ、こんにゃくを馬路から運び、会場で盛大にユズずしを作った。吸い物も作り、東京人にその場で食べさせた。

東谷さんの記憶によると、87（昭和62）年の第3回から産品コンテストが始まった。

「農産加工、海産、畜産、その他非食品の4部門賞と、それらをトータルしてすべての1位に101村展大賞っていう101万円の賞金を出しますというのが新たにできたがよ」

東谷さんは濃縮ユズジュース「ゆずの園」を出品する。試飲の評価は上々だったが……。

「700ミリリットルで1600円するというのでいかんかった。値段だけがネックやった。農産加工部門の1位は、確か宮崎県から来ちょったユズ皮の粉末。ユズというだけで一番になったがよ。悔しいというか、くそーっと思うてよねえ」

悔しさを抱えた東谷さんは、翌88（昭和63）年の物産コンテストにぽん酢しょうゆ「ゆずの村」を出す。

# 36― ふたを開けたら日本一

１９８８（昭和63）年４月29日、東京・池袋。東谷さんは日本の１０１村展が開かれる西武百貨店に３年連続で乗り込んだ。

１０１村展では前年から地場産品コンテストが始まっていた。東谷さんは濃縮ユズジュース「ゆずの園」を出し、落選。「ことしは何を出そうかな」と考えた。このときまでに商品化していたのはユズのつくだ煮、ユズみそ、ユズジャム、濃縮ジュース「ゆずの園」、どちらも「ゆずの村」と名付けたぽん酢しょうゆと大瓶ストレートジュース。

「前年ジュースでいかんかったき、ぽん酢でも出すかと。ぽん酢は高田茂さんと一緒に作ったき、自分だけで作ってないき、なんかモヤモヤ感があってすっきりせんかったがよ」

１０１村展の会期は６日間で、コンテストはその中の１日。審査員は著名人や主

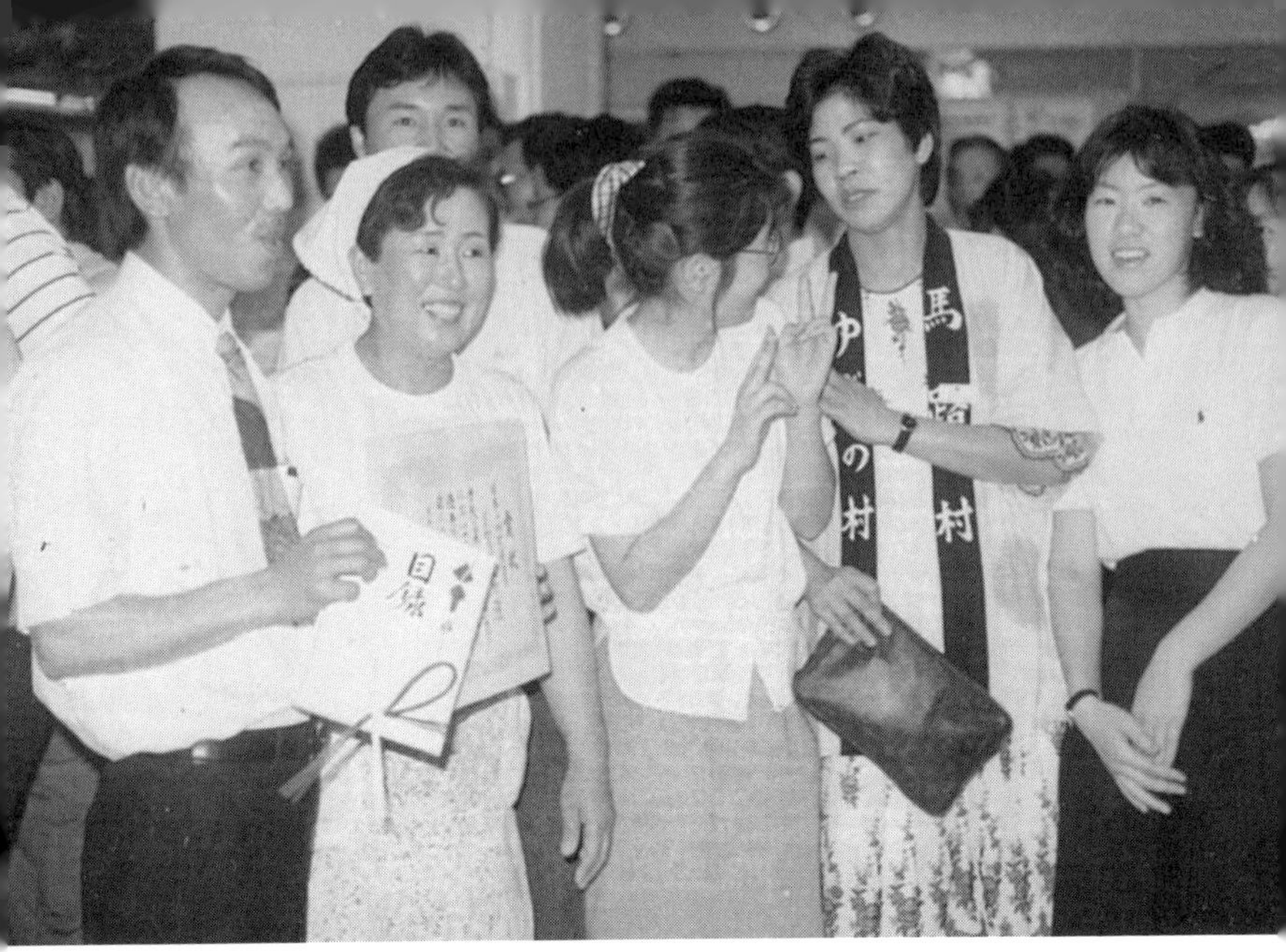

▲101村大賞を受賞し、喜ぶ馬路からの遠征組。左端が東谷さん

婦ら約50人だった。彼らを前に、商品の特徴や村のことを5分間でプレゼンしなければならない。

「緊張すらあねえ。ドキドキよ。自分が何を言うたか、ぜんぜん覚えてない」

確か審査が終わった日の午後だった。

「西武の社員が入れ代わり立ち代わりうちの商品を見に来るがよ。審査の発表はその晩やったと思う。催事会場の一角を使うて結果発表とパーティーが行われたがやけんど……」

北海道の池田町など名だたる地域づくり先進地が並ぶ中、最高賞の101村大賞をさらったのは知名度ほぼゼロの馬路村だった。

発表前後の記憶は判然としない。

「誰が発表したのかも覚えてない。前であいさつさせられたことは覚えちゅうけんど、何を話したかも全く覚えてないです、はい」

周りのみんなは大喜びだった。

「西野真司村長の奥さんの紀子さんらがユズずし作りの手伝いに来てくれちょった。役場からは、のちに教育長になる清岡明徳が来ちょった」

馬路に帰ると宴会が待っていた。

「役場の産業建設課長やった岡田元生氏が『新聞へ載せないかん』ゆうて高知新聞の中芸支局へ電話して。掛水雅彦記者の取材を受けた」

新聞に掛水記者の大きな記事が出た。大見出しは「馬路の『ゆずの村』、物産品展で日本一」。

「村おこし町おこしの時代やきよねえ。新聞社に許可をもろうて、新聞をコピーして20万～30万枚は作ったねえ」

一夜にしてすべてが変わった。

「新聞のコピーは通販に使わせてもろうた。とにかく『ゆずの村』は売れた。大賞を取ったとき、まだ1億に達してなかったがよ」

馬路村農協のユズ製品販売高のことだ。

「それが倍々ゲーム。翌年2億になり、その翌年が4億、次の年が6億、次が8億、その次が10億。並行して顧客数も増えたきねえ」

卸業者が次々に「取り扱いたい」と言ってきたが、すぐには承知しなかった。生産量が限られていたし、なにより通販を軸にしたいと考えていたからだ。それでも売り上げはぐんぐん伸びた。翌89（平成元）年の「ごっくん馬路村」誕生が売り上げ急増に拍車をかけた。

「企業の成功って、こういうときもあるがやなあと思うた」

# 37 ― 西武が助けてくれた

「地域づくりを目覚めさせてくれたねえ」と東谷さんが振り返る。1988（昭和63）年、ぽん酢しょうゆ「ゆずの村」で大賞を得た「日本の101村展」のことである。受賞したから目覚めたのではない。主催者の西武百貨店や全国の参加自治体が地域づくりへの刺激をくれた。

「101村展には毎年キャッチコピーがあるがよ。何回目かのキャッチコピーは『東京には村が欠乏している』やった。衝撃やったねえ」

東谷さんは「村」という響きに引け目を感じていた。だから「ゆずの村」という商品名も好きではなかった。都会で売るためには都会的な洗練されたネーミングが必要だと思っていた。

「『東京には村が欠乏している』を見て、村に自信を持ってもえいがやないかと思うたがよ。あのポスターはねえ、強烈な情報発信やった」

1980年代の西武百貨店はいわば文化の発信基地だった。象徴的なキャッチコピーが82年に発信した「おいしい生活」。バブルに向かう世情を「おいしい」のひと言に凝縮させたこのコピーは、当時の消費生活をけん引した。

「コピーは糸井重里やったがよねえ。聞いた話やけんど、堤清二社長と直結やったとねえ」

糸井重里さんは日本を代表するコピーライター。堤清二(1927~2013年)は草創期から全盛期にかけて西武百貨店を率いた総帥である。「ゆずの村」が日本一になった1980年代末、西武も売り上げ日本一の百貨店になっていた。

101村展には、全盛期の西武が選び抜いた自治体が参加していた。

「びっくりしたのは、ある年に水俣が来ちょったがよ。熊本県水俣市。その年は商品はのうて、ポスターだけ。近寄りがたい空間やった」

1980年代、水俣といえば水俣病だった。水俣市がどこにあるのかを知らない人も、水俣病という言葉は知っていた。そして語感には重さ、暗さが伴っていた。チッソ株式会社が不知火海に垂れ流し続けた排水は、地元の人たちに深刻な有機水銀中毒を引き起こした。チッソや産業界が長く原因を認めなかったこともあり、水俣という響き自体が暗く沈んだイメージを伴っていた。

その水俣を101村展に参加させた西武の真意は、チッソの製品（プラスチック原料や化学肥料）を享受する人々に水俣という現実を突きつけたかったのかもしれない。東谷さんの記憶によると、最初は異質な雰囲気に包まれていた。

「水俣が裁判とかで話題になっちょったときやったきねぇ」と東谷さん。「確か次の年は水俣という名前やなしに地区名で参加しちょった。のちに水俣へ行ったとき、101村展に来ちょった人に会うたがよ。『あのとき、よう来たねぇ』と言うたら、『水俣では人が近づいてこんき、1、2年後に地区の名前で出た』と言いよった」

バブル後、西武百貨店は経営難に陥った。そごうと合併し、セブン＆アイグループに入ったあと、2022（令和4）年末に米投資グループへの売却が決定する。日本の文化をけん引した全盛期の面影はない。

ぽつり、東谷さんが西武への思いを口にした。

「西武はねえ、勢いがあるときに自分らあを助けてくれたがよ」

## 38　賞金は顧客管理へ

1988（昭和63）年5月、ぽん酢しょうゆ「ゆずの村」で獲得した「101村大賞」には101万円の賞金がついていた。

「貧乏しゆうときやきねえ、有効に使いたいと思うたがよ」

貧しいのは馬路村農協である。山村ゆえに耕地がない。農家数は少ない。専業農家らしい専業農家もない。零細農協なので信用事業の利益も知れている。だからこそユズ加工品に活路を見いだそうとしたのだが、事業展開するにも原資がない。

「このカネは自由に使えるなあ思うて。前に『20万円の機械を買うてくれ』ゆうたら、『金がない』ゆうて買うてくれんかったがよ。けんど、機械を買うたらそれで終わりやんか」

ではどう有効に使うか。

「一番苦労しよったのが顧客管理ながよ。顧客管理と代金管理をきちんとせんといかんなあ、コンピューターを買いたいなあと思いよったがよ。当時、パソコンが出始めたときで、パソコンやったら買えるがやないかと思うて……」

以前、馬路村農協の試食販売に協力してくれた高知大生のうち1人が富士通に就職していた。

「佐々木さん。神戸市でシステムエンジニアをしゆうって手紙をくれちょったがよ。その彼女に『パソコンを買いたいけんど』って連絡したら、高知から富士通の藤原さんと富士通四国インフォテックの黒川さんが来てくれた」

2人の説明はこうだった。

「パソコンではできん。やっても高い、プログラムを組んだら1千万円かかる、と。オフコン（オフィスコンピューター）やったら経理システムをちょっとつついたらできると言われたがよ」

出てきた見積もりは250万円だった。これでは149万円足りない。農協にそんな金はない。東谷さんは西野真司村長に相談した。

「村長が『（村の予算から）100万出しちゃらあ』ゆうたがよ。『残りは自分くで出せよ』と」

農協が49万円を負担し、富士通の卓上型オフィスコンピューターを導入した。86（昭和61）年5月に発表された新鋭機K１０R、記憶容量は2メガバイトだった。今のパソコンは２５６ギガバイトが普通だから、実に12万8千分の1。それでも事務効率は飛躍的に向上した。

「（名前や数字の）突き合わせにむちゃくちゃエネルギー使いよったがよ。これですべてが速うなった。送り状を書く必要はないし、入金処理も早いし。苦労しよった時間を商品開発とマーケティングに使えるようになって勢いがついた」

実は当時、東谷さんは何度か高知市の近森病院に入院していた。83（昭和58）年11月、農協の集出荷場で転落した後遺症だった。「額を割って、何回か病院へ出たり入ったりしよった」と明かす。ある日、近森病院の売店で雑誌を買った東谷さんは、一つの記事に目を奪われる。

「水が何億円産業になったゆう記事があったがよ。ちょうどポカリスエットが出たこともあって、甘いものから薄いものに移ると感じたがよ」

飲み物の志向を先読みしたのである。その読みが「ごっくん馬路村」へとつながっていく。

# 39— 塩を入れてみいや

1988（昭和63）年のことだった。

近森病院の売店で買った雑誌で東谷さんは「これからの時代は薄味だ」と直感する。併せてワンコイン、つまり100円も意識した。

「時代が自動販売機へきちょったきよねえ、100円のユズジュースを作ろうと思うてやり始めたがよ。何回も何回も試作したけんどねえ、なかなかうまい味ができんかった」

大瓶入りのストレートジュースは作っていたが、それを小瓶に入れる発想は全くなかった。頭にあったのは「薄味」である。組合長にも誰にも知らせず、仕事の合間に1人で試作を重ねた。

「道具も何もないがやきよねえ。最初は砂糖を混ぜたり、異性化糖（果糖ブドウ糖液糖）を入れたり、オリゴ糖を使うたり。いろんなもんを入れながら、最終的にはユズとハチミツだけでいこうと。ハチミツは高いやいか。なんでその高い原料にしたかってゆうたら……」

そこが東谷さんの作戦だった。このジュースが成功すれば大手や他産地が追随する。そのときに負けないためには大手が追い付けないくらいおいしいものを作るしかない。鍵がハチミツだった。ハチミツを使うと最高においしかった。

水とユズとハチミツを混ぜて試作を重ねた。難航した。問題は味を薄くすることだった。

「限りなく水に近いジュースというのがコンセプトとして頭にあったきよねえ。けんど、薄くすればするほど水っぽくなるわけよ」

試作したジュースを家に持って帰っては長男（庸生さん）に飲ませた。

「味が分かる男やろうかと思いながら飲ませよったがやけんど、おいしいと言わんがよ。おいしゅうないとも言わんけんど」

そんなことを何度も繰り返した。庸生さんは「おいしい」と言わないし、東谷さん自身も水っぽさを感じる。水っぽさをどう消すかと悩んでいたとき、一人の人物がふらりと農協を訪れる。

『もっちゃん、なにしゆうぜ』って。馬路に赴任してきちょった岡村先生が来たがよ。何の教師やったかなあ、国語かなあ、木工品ばっかり作りよった。退職して何年か前に亡くなってしもうたけんど、木工品のセンスはすごかったよ」

水っぽさが消えないことを嘆くと、岡村先生はこう言った。「もっちゃん、ちょっとだけ塩入れてやってみいや」。わらにもすがる思いで若干の塩を入れた。と、水っぽさが消えた気がする。

「家に持って帰って庸生に飲ましたら『おいしい』ってゆうがよ。こんなんでえいがやろうかと思いながら、今度は何十本か作って農協婦人部の総会へ持って行った。飲んでもろうたら、みんなが『おいしい』ゆうやいか。みんながおいしいと言うがやったらこれでいこうかと」

「ごっくん馬路村」の味が決まった瞬間だった。試作開始から3～4カ月たっていた。

「あのとき庸生が『おいしゅうない』ってゆうたら違う味になっちょったかもしれん」と東谷さん。しかし問題はまだたくさんあった。なにしろ原価が100円近くに達するのである。

「じゃあ売値を150円にしようと思うて誰かに話したら『そんなの売れるわけがない』と。じゃあ120円かと高知県特産品販売の谷本という部長に相談したら『100円超えたもんが売れるか』と。まあしゃあないかと思うて100円にしたけんど、売値が100円やったら卸ができんがよ」

## 40―広口瓶にピンときた

1988（昭和63）年、東谷さんは薄味の100円ユズジュースを作ろうとしていた。ハチミツを使うことで味は決まったものの、価格設定で考え込んだ。ハチミツは高いのである。

「どうやっても原価が100円近くかかる。設備がない中で作らないかんき。1本ずつ手詰めで、1枚ずつラベルを貼らないかん」

▲「ゆずの村」を描き入れた配送トラック（高知市）

このときの設備は手動式充てん機と小型ボイラー、加熱式かくはん機だけ。新たに導入しようとする瓶のキャップ締め機械も手動だった。

「正確な原価は分からんがよ。もちろん原料の価格は分かるぜえ、瓶とユズとハチミツやき。製造コストが分からん。手詰め手貼りやきねえ、人間の能力によって差が出てくるき」

周囲の人に「120円でも売れるわけがない」と言われ、腹を決めて100円で売ることにした。通販はそれでいいが、マージンが取れないので小売店で売るのは難しい。東谷さんが言う。

「当時、（小売りは）100円では売ってなかったと思う。卸値が100円に近かったき」

価格を決めたら次は名前であ

る。もともと東谷さんは「村」という響きに拒否感を抱いていた。だから「ゆずの村」というぽん酢しょうゆの名もいまひとつ気に入らなかったのだが……。

「(西武池袋本店の)『日本の101村展』に参加しゆううちに、やっぱり『村』というのが、ひょっとしたら価値が見直される時代がくるがやないかと思うようになって。で、次に作るドリンクはまた村をつけたいなあと思いよったがよ」

考えた名前は「村のドリンク」だった。

「ダイイチダルマ食品の工場が安田町にあって、その社長が上甫木弘吉さんゆうて馬路の出身で、うちの隣の家やった。その会社が『村のドリンク』ゆうジュースを作り始めちょったがよ。めっそ売れゆうようにもないき、ひょっとしたら名前を貸してくれるかなあと」

思い立ったら動くのが東谷さんである。

「上甫木さんと飲み会か何かで一緒になったとき、『その名前ちょっと使わせてくれんかな』って頼んだがよ。そしたら『いかん』ってゆうき、仕方ない、また考えないかんなと思うて」

ヒントをくれたのは瓶だった。量産するには継続的に大量の瓶を仕入れる必要がある。

「瓶をねえ、1社しか持ってきてくれんかった。あのとき瓶業界って景気がよくてねえ。けっこう大手メーカーも180ミリ瓶でジュース類を売りよったき。高知市の橋本醸造が『この瓶やったら供給できる』ゆうて持ってきてくれて、使えるのはその瓶しかなかったがよ」

瓶の形状に東谷さんは注目した。

「上が広口で、イメージでゆうたらゴクッと飲めるやいか。ちょうど雑誌か新聞かを読みよったとき、『ごっくん』っていう言葉が載っちょったがよ。ごっくんの後ろへ馬路村ってつけたら、『ごっくん馬路村』。なかなか響きがいいなあ思うてよねえ。よし、これでいこうと思うた」

少しだけ気になったのは馬路村の名前を使っていいかどうか。

「自治体の名前やきよねえ。商品につけて構わんろうかって思うて、一応県庁に電話してみたがぜえ。そしたら電話をたらいまわしにされて。結局誰もわからんみたいやきよねえ。まあいいか、『ごっくん馬路村』で行けえと」

残る課題はラベルのデザインだった。

# 41 周回遅れて飛び移る？

ラベルのデザインをどうするか。

話は『ごっくん馬路村』が世に出る1年ほど前、１９８８（昭和63）にさかのぼる。

東谷さんは悩みを抱えていた。

「それまでデザインは梅ちゃんにやってもらいよったがよ。パンフレットも１回作ってもろうたし。ところが村おこしの時代で、梅ちゃんが人気者というか、売れっ子になって。時間がのうて、村へ来てもらうのも難しいきよ」

梅ちゃんというのは、高知市に事務所を構えていた梅原真さん。『ゆずの村』などのラベルをデザインしてくれた名デザイナーである。東谷さんは梅原さんと話すことでマーケティングの方向をつかみ取っていた。そのイメージを梅原さんが視覚化して狙い通りの商品が完成する。いわば２人の共同作業が秀逸な商品をつくり上げていた。

　その梅原さんが超多忙になってしまった。困った東谷さんは、ある人物に相談する。

「資材を扱う橘屋商事に浜口健二ゆう男がおってよ。ほんまに彼にはいろいろと世話になったがやけんど、『誰かデザイナー知らんかえ』って聞いちょったがよ。そしたら3カ月か4カ月たってから『面白いのがおった。会うてみますか』って言うき、『ほんなら会うてみようか』と。で、会うたのが田上泰昭という男。ちょびひげ生やした、なんか格好つけちゅうなあみたいな」

　田上さんは大阪の印刷会社を辞めて帰郷したばかり。高知市のアークデザイン研究所に勤めていた。冬のある日、農協の加工場で会った。

「加工場のぼろ事務所で半日話した。この人なに考えちゅうろう、このデザイン事務所と組んでえいろうかと思うてねえ。家から持ってきた破れかけの応接いすに座って、ぼろいストーブに当たりながら。それが、付き合いの始まりやった」

　田上さんはテーブルの上に紙を出した。

「その紙に時計を書いて。都市と田舎って同じときに時計にスイッチが入って、長い針が都会、短い針が田舎、都会の針はどんどん進むって説明するわけよ。ものごとが発展していくということやろうかねえ。田舎って針がなかなか進まずに、ちょっとしか進んでないがよ」

時計の針に例えて都会と地方のスピード感を説明したのである。

「田舎のほうは都会に追いつきたい、都市に負けたくないとかって思いゆうけんどよねえ、どうしようもなく取り残されていっちゅうわけよ。その針、長い方の針が1周してきたときに、周回遅れかもしれんけんど、その針へ飛び移らんかと。そういう、まさにそういう時代がいま来ちゅうがぜえっていうような話を聞かされたがよ」

この説明が東谷さんにはぼんやりと分かった。西武百貨店の「日本の101村展」に通い、地方のよさを再確認したことが背景にあった。

「僕らはずっと都市を追いかけてきたけんどよねえ、自信につながったというか、都会の人が田舎にやすらぎも感じ始めちゅうがやなあ、田舎も堂々としちょったらえいがやなあ、と」

その日はそれで終わり、次は2人で来た。

「上司の松崎了三ゆうのと一緒に来たがよ。松崎もまた似たような理屈っぽいことを言うて、出してきた条件が『年間契約したら取引しちゃらあ』みたいながよ。えらい強気やなあと。年間契約らあ勝手にできんきよ。なんで年間契約をせないかんがやと思いながら、一応、組合長に言うたがよ」

# 42 ― なんや、これは……

１９８８（昭和63）年の初めごろ、デザイナーを探していた東谷さんはアークデザイン研究所（高知市）の田上泰昭さん、松崎了三さんと話をした。２人が示した条件は年間契約だった。

「組合長にそれを伝えたけんど、すぐに却下されたがよ。『年間契約の必要性が何でありゃあ』と。『やってもらいたいときにやってもろうて、そのたびにデザイン料を払うたらえいやないか』と。そう言われたらそうやなあと。とにかく農協にはカネがないがやき」

組合長の却下理由は理解できたが、東谷さんはアーク側の考え方も理解できた。

「デザインって単品やいか。一つ一つの仕事で終わっていく。けんど、物を作って売るのは情報をどう出すかっていうことが大事になるきよねえ。商品デザインだけやなしに、パンフレットを作ったりとか、新聞作ったりとか、情報を出すっていう部分にかかわりたい。それがアークデザインにしても事業につながるやんか」

このアーク側の考えが、「村をまるごと売り出す」というその後の戦略につながっていく。

「それからもう一つ、高知市内の暑苦しいところで仕事するより、のんびりした馬路へ月に何回か来て仕事がしたいっていうのもあったと思うぜえ。安田川のアユはうまいし、それを食いたい、捕りたいっていうのがあったと思う」

馬路に来たいためか、組合長に却下されたあともアーク側はあきらめなかった。

「しばらくしてまた（年間契約を）要求されて。組合長が『おんしゃあ理事会で説明せえ』って言うきよ、理事会へ行って説明したがよ」

当時、東谷さんは都会のモーレツ社員並みに働いていた。「24時間戦えますか」

というテレビCMに応えるかのように夜遅くまで働いていた。その働きぶりを見ていたのだろう、年間契約を説明した東谷さんに、門脇理事がこう言った。

「『モチフミ、その会社と取引したいがやろう。お前がどうしても取引したいがやったら相手の条件をのむしかないろう』って言うてくれたがよ。それで一気に決まった」

初仕事として、東谷さんはアークに「ユズのつくだ煮」「ユズジャム」「ユズみそ」の新ラベルを発注した。どんなデザインにしてくるか、興味津々だった。出てきたラベルデザインを見て東谷さんはひっくり返る。

「これがデザインかって思うた。つくだ煮もジャムもみそも人の顔やいか。村のばあちゃんと子どもの」

村民の笑顔を写真に撮り、「私達の気持ちを、みなさんに受け取っていただきたい」と文字を添えていた。理解しがたいデザインだったが、理解できないまま東谷さんは採用する。

「10年ぐらいたったときに思うたがよ。このデザインって、最先端ゆうか、時代の先を走りよったがやなあって。なんでかって言うたら、しばらくたってから『人の顔が見える』とかって言いだしたやいか。農業でも、この農産物は誰が作ったとかねえ。今はもうデザインを変えちゅうけんど、当時は先駆けたデザインやったと思う」

担当したのは田上泰昭さんだった。数か月後、東谷さんは田上さんに『ごっくん』のラベルデザインを託す。待ちに待ったデザインを見た東谷さんの第一印象は、こうだった。

「なんや、これは……」

## 43 「ごっくん坊や」誕生

1988（昭和63）年、高知市のアークデザイン研究所と馬路村農協の年間契約を実現した東谷さんは、アークの田上泰昭さんに「ごっくん馬路村」のラベルデザインを頼む。出てきたのは版画だった。にっこり口を開ける子どもの横顔と太字の「ごっくん」。東谷さんはあぜんとする。

「自分の思いとは全然違うわけよ。コカ・コーラとか大手のラベルを見慣れちゅうせいか、なんかごちゃごちゃしちょって違和感があった」

うーん、田舎くさい。と感じたのだが……。

「デザイナーって最初に持ってきた作品にエネルギー注いじゅうき、それを拒否したら、たぶん二番手の作品には思いが入ってないわと思うて。気に入ってないけんど、まあ、ＯＫした」

それが35年を経ていまも不変のあのデザイン。ラベルの子どもは「ごっくん坊や」と呼ばれて愛され、いろんな商品や看板に使われている。

「発売してちょっとたったときに何かの会で県工業技術センターへ持って行ったら、所長に『このデザインでは売れませんねえ』みたいなことを言われて。その所長に見る目がなかったとは思うけんど、どんなにえいデザインでも売れんかったら忘れられていっちゅうきねえ」

中身が本物でなかったら長続きするヒット商品にはならない、と東谷さんは思っている。

「デザインで売れたとも僕は思わんしよねえ。やっぱり最終的には『限りなく水に近いユズドリンク』という最初のコンセプトがよかったと思う。のちのちは塩も抜いたがよ」

塩を抜くにあたっては裏話がある。「ごっくん」の発売当時、ユズ酢は塩入りが普通だった。

「『ごっくん』の原料表示を県工業技術センターに相談したら、『ユズは塩入りもあるき、塩は書かんでもえいろう』って言われて。それで原料表示はユズとハチミツだけにした」と東谷さん。

「ところが20年くらいたって、うちの農協の研究員が『今はもう使いゆう原料を全部書かんといかん』って言うて。それで塩をやめたがよ」

原料表示に塩を書き入れる手もあったのだが、東谷さんはこう考えていた。

「人間の舌というか、時代がねえ、年を経るごとに限りなく味の好みが薄くなって。食塩を入れんでも薄いと感じんなっちょったがよ」

開発当時、東谷さんはこう考えていた。

「ミカンジュースとリンゴジュースの味にはかなわんと思いよった。向こうは果汁100％やし。けんど、時代は味が薄い方に向いたがよ。さわやかさとか、さっぱり感とか。『ごっくん』は1日に6本飲んでも飽きがこん。嫌にならん」

ラベルの話に戻る。

▲発売当初から変わらぬ「ごっくん」のラベル

田上さんのデザインに決めたあと、東谷さんはラベルに「馬路村公認飲料」と入れた。いつも通り、誰にも相談しなかった。勝手に入れた。

「売れると思うて開発しちゃあせんがよ。100円ドリンクは大手の分野や、けんど挑戦はせんといかんってゆう軽い気持ちでやりゆうがやき。『公認飲料』も遊び心よ。そんなのつけても売れ行きに関係ないやんか。遊びでつけたがよ」

ところが……。売り出したあと、西野真司村長と宴会で一緒になったときに問い詰められる。

「おんしゃあ、誰に許可もろうたがや！」

瞬間、東谷さんは「しまった！」と思った。

「ひとこと言うちょくべきやった」。心臓バクバクで窮地を脱する言葉を探した。

## 44 ― むちゃな理屈で危機回避

遊び心で「ごっくん馬路村」のラベルに「馬路村公認飲料」と入れた東谷さんに、西野真司村長は「誰に許可をもろうた！」と迫った。答えられるはずがない。誰にも相談せず、勝手に書き入れたのだから。東谷さんは窮地に陥った。

「しもうた、ひとこと言うちょいたらよかったと思うてよねえ。村長本人も議会かどこかで聞かれたがやないろうか。ほんで聞いてきたと思うけんど、こっちもすいませんとは言いにくうてよねえ。すいませんゆうたら負けちゅうやいか」

とっさにこう切り返した。

「農協は村から補助金をもらいゆうやないですか。補助金をもらいゆうということは農協のやることは全部村の公認とゆうことやないですか」

むちゃな理屈である。西野村長は若いころから村のリーダー格で、頭の回転が速い。東谷さんの慌てぶりからこれ以上の追及はしないほうがいいと判断したのだろう、反論はなかった。

東谷さんの記憶によると、「ごっくん馬路村」を売り始めたのは1988（昭和63）年の秋ぐらいだったらしい。「その年は主に通販で売った」と振り返る。西野村長とのやり取りがあったのは販売を開始して間もなくだったと思われる。

製造も手探りだった。

高知市の橋本醸造から瓶を買う際、「全部バルクぜえ」と言われていた。「バルクって何ぜ？」と聞くと、購入する包装形態らしい。

▲今もしっかり「馬路村公認飲料」

「パレットの上に５００本くらいの瓶が9段にラッピングされちゅう。それが7つ乗ったのが最低単位で、３万５千本ちょっとやった。４トンくらいのトラックで持って来よった」

フォークリフトで加工場に運び、手が届かないので箱の上に乗ってラッピングのビニールを1段ずつ切る。瓶を一本一本手でラインに載せる。手作業で瓶に「ごっくん」を充てんし、プルトップのふたを手でかぶせる。ふた締めだけは機械でやり、85度で殺菌して冷却かごへ。

「85度ってけっこう熱いがよ。それを、手でつかんで冷却かごへ移さないかん。ちょっと厚めのビニール手袋をつけてやらせよったけんど、扱いにくいわけよ。ほんでまあ、我慢して素手でやりよったけんど、朝から晩までやきねえ」

瓶にラベルを貼るのも一苦労だった。

「初めは手貼りやったき、これ大変ぜ。自分のすねの上に瓶を置いて、こうやって。幅の長くないのを貼るのは割合しよい（簡単な）がよ。ところが『ごっくん』は全周巻きやいか。ちょっとずれたらね、最後が合わんなる。ずれるがよ」

１００円ドリンクはできるだけ原価を下げる必要がある。それには原料を安く仕入れるか、大量生産で生産効率を上げるか。ところが馬路村農協はどちらもクリアできない宿命を持っていた。原料のユズを組合員から適正価格で買わないといけないし、カネがないので手作業頼み。当然、生産効率は低い。原価は高くなる。

東谷さんの頭の片隅には常に「１００円ドリンクは大手の仕事」という思いがあった。そのせいか、「ごっくん」の滑り出しは静かだった。初年度の販売実績も記録に残っていない。

# 45 — 計算違いでCM模索

「ごっくん馬路村」を売り出した翌年、１９８９（平成元）年に東谷さんは販売戦略を構想する。１００円ドリンクなので１本の利益は少ない。ということは、大量に売らないと売り上げ増にはつながらない。東谷さんはこう考えた。

「１本１００円で１箱24本入りやき、１万人の人に箱で買ってもらっても売り上げはたった２４０万円やいか。通販で１万ケース売るのはなかなか大変やのに、それだけ売っても２４０万円。通販だけではいかんと思うたがよ」

計算の誤りがお分かりだろうか。１００円×24個×１万箱＝２４００万円。東谷さんはそれを２４０万円と勘違いしていた。

「ずっと２４０万円やと思うちょったがよ。この前、30何年かぶりに計算し直してみたら単位が一つ違うちゅう。２４００万円やいか」

１万人に箱で売っても売り上げは２４０万円にしかならない。そう信じ込んでいた東谷さんは、販売促進のマーケティングを模索する。相談したのは前の年に農協が年間契約したアークデザイン研究所の松崎了三さんだった。

「松崎が『テレビCMをやらんかえ』ってゆうき、『なんぼかかるぜえ』って言うて」。松崎さんにテレビCMの仕組みを説明してもらい、必要額を聞いた。「250万ばあ予算を組んだら1年間流せるぜえってゆうきよ、250万円構えないかんと思うたけんどねえ」

ぽん酢しょうゆ「ゆずの村」が「日本の101村展」で大賞を受賞したこともあり、88（昭和63）年のユズ加工品売上高は初めて1億円を超えていた。しかし人件費等を考えるとユズ加工事業はまだ赤字。組合長に「CM代に250万円ほしい」なんて言えるわけがない。

東谷さんの足は役場に向いた。

「いかんと思うたけんど、村長に話したがよ。ルールからしたら、これはおかしいがよ。本来は組合長の許可を取ってから村長のところへ行かんといかん。けんど、組合長に言うても絶対に許可は出んと思うたきよねえ」

意を決して西野真司村長に頼んだ。

「ジュースのＣＭを流したいき、補助金付けてくれんろうかって言うたがよ。村長が『なんぼいるがな』って言うき、『２５０万ばあかかる』って言うたら、『やれ。半分出しちゃる』と」

決断の速さに東谷さんは驚いた。

「ぐちゃぐちゃ言わんかったねえ。ハードやったらモノが残るけんど、ＣＭは何も残らんがやきねえ。広告や宣伝の必要性をよく理解してくれちょったというか、これはねえ、やっぱりものの見方がちょっと違うなあと思うた」

ここで東谷さんはまた困る。

「弱ったなあ、これ黙ってやるわけにはいかんきねえ、組合長にも言わんといかんよなあと思うて……」。どきどきしながら組合長室に入り、岩城明信組合長に「ごっくん馬路村」のテレビＣＭに２５０万円かけたいと話した。もちろん「村が半分予算を付けてくれたき」とも言った。と……。

「組合長は何も言わんかった。何も言わんということはＯＫかなあというので、ＣＭづくりに入ったがよ」

# 46 ─ 「やりゆうかえ!」

東谷さんの記憶によると、CMの構想が固まったのは1989（平成元）年の春ごろ。例年通り、この年も東谷さんは5月の連休に東京・西武池袋店の「日本の101村展」へ参加した。

「CMを作ったのはその直後やったと思う。CMの絵コンテを松崎了三が描いて、それを見たら子どもが川で泳ぐようになっちゅうがよ。けんど、5月ゆうたらまだ冷《ひや》いぜえ」

「ごっくん」を売りたいのは夏。CMを流すのも夏。当然、馬路の夏を撮影したい。

「しかも撮影前に雨が降って川が増水したがよ。予定の場所で撮影できんなったがよ」

気象庁の記録によると、5月6日に馬路村で雨が降っている。さて困った、どこで撮影するか、東谷さんには1カ所だけ心当たりがあった。

「安田川の上流は魚梁瀬ダムへ分水しちゅうわけよ。分水しちゅうすぐ下流やったらねえ、水が少ないっていうのを知っちょったがよ」

魚梁瀬ダムがあるのは奈半利川。発電用水を増やすため、導水トンネルを作っていまも安田川の水を魚梁瀬ダム上流の奈半利川へ分水している。分水直下の安田川は極端に水量が少ない。

「そこに行って、分水の入り口に木の切れ端や葉っぱが詰まっちょったがを手でかき分けて、魚梁瀬へ流れる水を増やしてよねえ。水も濁ってなかったき、分水のすぐ下流で撮影を始めたわけよ。上流やき、なんぼか水が冷かったと思う。えらいなあ」

子どもらは川に入っても元気いっぱい。「主役」の山中貴理《よしまさ》君は「ごっくん馬路村」を6本も飲むことになった。6本飲んだあと、にっこり笑って言ったセリフがこれ。

「みんなあ、ごっくんやりゆうかえ!」

CM効果はじわりじわりと出始めた。

「農協に電話がかかってき始めたがよ。『店で売ってない。どこで売ってますか?』と。『まだよう売ってないきねえ、こっちから送ります』と答えて。原価が高うて問屋に卸せんがやも」

このときまでにユズ酢用の充てん機を改造して「ごっくん」用にしていた。これで1分間に30本の充てんができるようになった。問題はラベルだった。手貼りではあまりにも能率が低い。

「ラベラー（ラベル自動貼り機）がほしいと思うてよねえ。組合長に言うたら、ユズ加工品がちっと売れ始めちょったきやろうねえ、いかんと言わんかった。『見積もり持ってこい』って言うき、見積もり取ったらなんと650万。ラベラーを作りゆう会社らあ、知らんき。いまやったらねえ、300万ぐらいで買えると分かるけんど」

言い値で購入したが、じきに壊れた。

「10年もせんうちに壊れたきねえ。役には立ったけんど、

▲山中貴理君。元気いっぱい「ごっくん、やりゆうかえ！」

外れよ。機械メーカーを知らんといかんと思うたのはそのときやねえ。ラベラーの会社ってそんなにないけんど、5社や10社は日本にある。やっぱり性能もいろいろやいか」

ラベラーを導入できたのは秋ごろだった。これによって製造能力は1日9千本に上がり、原価は1本80円にまで下がった。が……。

「問屋に入れるのなら6掛けが普通やろう。問屋にはなかなか卸せんかった」

当時、東谷さんの手帳にはデパートの催事などで得た顧客名簿が3千人分あった。その顧客に「ごっくん」を載せたパンフレットを送った。

結局、この年は13万本を売った。

東谷さんは手を休めなかった。

# 47 最期に「頑張れよ」

１９９０（平成２）年、東谷さんはＣＭ枠を増やそうとする。足を運んだ先はまたも役場だった。前年、西野真司村長はテレビＣＭに必要な２５０万円の半額を村予算から出してくれていた。

「『２５０万では足らんき、今年はもうちっと出してくれんろうか』ってゆうたがよ。そしたら『倍出さあ』って。『５００万でやれ、半分出しちゃらあ』って。２５０万出してくれたがよ」

またも即決だった。

東谷さんの父、競《きそう》氏は村中心部にある西野家から東谷家へ養子にきた。西野村長は西野家の御曹司で、東谷さんとは年の離れた従兄弟に当たる。慶応大学を出て61（昭和36）年に役場へ入り、70（昭和45）年の村長選で落選。教育長、助役を経て86（昭和61）年から村長を務めていた。名実ともに村の指導者だった。

▲1990年7月、無投票で再選されたときの西野真司村長（中央）。左端が東谷さん（©高知新聞社）

「西野村長が音頭を取って、郵便局や農協、森林組合を巻き込んで『馬路村ふるさと小包』を作ったこともあった。1万5千円で年2回馬路の物産を届ける仕組みで、会員を400人ばあまで増やしたがよ。けんど、送るゆうたちユズしかないやいか。僕らあも川へアユを釣りに行って、それをさばいて干して……。送る産品をそろえるのに苦労した。とにかくまあ、飛んだり跳ねたりしてなんとかせないかんと思いよったがよ」

東谷さんと同じく西野村長も営林署村からの脱皮を目指していた。だからこそ東谷さんも村長を頼ったし、村長も東谷さんに希望を託した。

90年7月、西野氏は無投票で村長に再選される。500万円を投じた2年目のテレビCMが流れ始めたのはそのころだった。

「ごっくん」の売り上げはCM1年目を大きく超えた。前年実績の13万本をあっという間に超え、8月半ばには50万本を突破。味のよさと猛暑、CM効果の三重奏が売れ行きに拍車をかけた。品薄感がさらなる人気を呼び、やがて注文に応じられない状態に。アルバイト10人を雇い、25人体制で早朝から夜の10時までフル生産を続けた。売り上げは100万本の大台に達した。

翌91年の正月明け、東谷さんは西野村長の自宅へ招かれる。

「1月5日か6日か7日やった。『真司さんが呼びゆうぜえ』って人に言われて。行ったら総務課長の平野さんがおった。そのとき村長が自分に言うたのは『（CMへの補助金は）もうえいろう。もう出さんぞ』と、『頑張れよ』やった」

それから間もない1月12日の早朝2時、東谷さんの自宅の内線電話が鳴った。

「父親やった。『真司が死んだ。兄貴から電話があった』ゆうて。びっくりした。すぐに父親を車に乗せて、高知市の県立中央病院へ走った」

享年54。実は「ごっくん」誕生直後の89年1月、西野村長は病魔に襲われていた。

「けんど、正月明けに会うたばっかりやったきねえ。亡くなるような雰囲気やなかったきねえ」

寝耳に水の驚きだった。西野氏は前年の11月から中央病院に入院していた。正月は自宅で静養し、東谷さんと会った直後に再び病院へ戻っていた。「頑張れよ」が東谷さんへの最期の言葉だった。

## 48―作っても作っても

西野真司村長の「遺言」通り、1991（平成3）年のテレビCMに村の補助はなかった。

「それからのCMはすべて農協の自費。昔、プロ野球が始まる直前にナイター情報ゆう短い番組があったやいか。7時からの数分間、あれにCMを入れたりしたがよ」

東谷さんの記憶をたどると、午後7時からプロ野球中継が始まる直前に5分間だけ別の番組があった。そこにCMを入れた。

「7時になった瞬間にプロ野球の途中経過がバーンと出て、その直後にCMが流れる。効果抜群よねえ。とにかくゴールデンの一番いい時間帯で、金額は15秒CM2回で10万円。年間一括買い取りやったき、1年間買わないかんわけよ」

当時、プロ野球のナイター中継といえば巨人戦だった。視聴率は高く、90年代を通して平均視聴率は20%台を維持していた。

「いまは巨人戦でも視聴率は5%ばあしかないろう。当時、よう言われたねえ。『あれ、全国版でやりゆうが？』って。全国版でやるわけないやいか。高知の人は全国で流れゆうと思うちゅうがよ。年間買い取りやき、50試合やったら500万円か。右肩上がりで売れゆうときやきねえ」

その通り、「ごっくん」の売れ行きは右肩上がりで伸びた。90年に100万本の大台を突破したことが弾みになった。91年も売れ行きは止まらなかった。品薄感とテレビCMが追い風になった。注文に生産が追いつかない状態が続いた。特にお中元とお歳暮の時期が忙しかった。

91年8月の高知新聞は「一週間から十日ほど商品納入が遅れている」と報じ、「どんなに頑張っても『ごっくん』の一日の生産量は一万五千本が限界。なんとかしなければ……」という農協のコメントを添えている。「パニックになりかけちょった。アルバイトを雇うて夜の10時までラインを動かしても追いつかんかった」と東谷さん。

ユズ加工品の売り上げは91年が6億円、92年が8億円と増えた。農家からユズを適正価格で買い取る仕組みができたし、農協の経営も一息ついた。経営安定を背景に、93（平成5）年6月には待望の新工場（相名加工場）が完成する。総工費4億5千万円。これで調合から殺菌、瓶詰めまで全自動でできるようになった。「ごっくん」の製造能力は毎分100本、1日最大8万本。

東谷さんはこの新工場を「ごっくん工場」と呼んだ。実は東谷さんに「農協人生で最もうれしかったことは？」と聞いたことがある。答えは「理事会で『ごっくん工場』の建設が決まったこと」だった。91（平成3）年に農協理事会で決定し、翌年から2年がかりで建設した。いくら注文を受けてもこれで大丈夫、と思ったのだが……。

▲1993年6月にできた「ごっくん工場」（その後改修）

売れ行きは想像を超えた。

「平成6〜8年ごろが一番すごかったと思う。ギフトの時期はねえ、ダイレクトメール出したらすぐに注文が入りだして。例えばお中元やったら6月15日から関東が始まって、関西が動き始めるのが7月入ってから。7月の2日とか3日に受けた注文がねえ、処理できずに7月25日を回ってもまだ抱え込んじゅうような状態ながよ」

## 49 ― ユズ玉につぶされる

「ちょうどの注文ってないがよ。売れんかったら売る努力するしよねえ。それへもってきて受けた注文を消化するだけの人手がないがよ」

注文が多かったらそれでよし、少なかったら頑張って売る。要するにいつも注文過多なのである。ところがそれを消化する人手がない。

「農協からは勝手に人を雇うなゆうて言われちゅうしよねえ。村には遊びゆう人もおらんし、村外から人を入れるのは許可が下りんし。おる人だけで努力するしかないがよ」

1990（平成2）年に100万本を達成して以降、「ごっくん馬路村」は売れに売れた。農協の総会資料に「ごっくん」の販売本数が明記されるのは93（平成5）年からで、同年は239万181本。94（平成6）年が267万7389本、95（平成7）年が305万5431本。

スーパーや小売店にも並ぶようになっていた。通販も伸びた。卸を通したらマージンを取られるが、通販はそれがない。東谷さんの作戦は通販を主軸にすることだった。農協が個人から注文を受け、品をそろえて荷造りする。利幅が大きい分、通販は手間がかかった。93年の「ごっくん工場」完成で製造面は自動化されたが、注文の受け付けや荷造りは手作業頼み。お中元とお歳暮の時期は電話とファクスが殺到した。オペレーターを雇って対応するものの、追いつかない。

お歳暮とお中元の時期、追い詰められた東谷さんはたびたびファクスの線を引き抜いた。当時、各家庭にファクスが普及していた。

「お客さんにとっては大迷惑やけんど、注文を受けれんがやも。ファクスは困るがよ。届け先が10も20も書いちゅうし、『届けがいつになるか分かりません』って電話する暇がないし、放っちょいたらファクスの山ができるし。NTTへ相談したけんど、なんもしてくれん。『線抜いたらどんなになりますか』って聞いたけんど、特に反応もなかったき。もう線抜くしかないと思うて……」

パニックだった。

「お歳暮は12月29日まで梱包《こんぽう》・発送作業をやって、30日と31日はさすがに従業員を

▲ユズ玉。夢の中で東谷さんを押しつぶした（馬路村）

休ませないかんと思うて休ませて。けんど自分は仕事へ行くがよ。お歳暮の注文をいっぱい受けた状態でよねえ、まだよう発送してないに、正月らあ迎えれんやいか。気になって」

夢でもうなされた。

「ユズに押しつぶされる夢を見たりとか、ユズ玉が転んできてそれにつぶされる夢を見たりとか、本当に寝れんかったねえ。10年くらい、そんなことが続いた」

身の丈以上の注文を受け、なんとかそれを消化する。小さな農協が大きく伸びるための苦しみだった。みんなが必死で働いた。

「毎晩10時11時まで働いた。さすがに女性は10時に帰らせよったけんど。それでも

10時まで仕事をしてくれよったきねえ、それはかなり無理がいったと思う。そういう、頑張ってくれた人たちのおかげで農協が成長できていった。利益も出たわねえ、少ない人数で必死にやるがやき」

貧乏組合だった馬路村農協は、億単位で剰余金が増えていった。95（平成7）年、得た利益から農協は村に2千万円の寄付をする。あとからそれを知った東谷さんはこう思う。

「『そんなおカネがあるがやったらもっと従業員に払えや』って思うたのを覚えちゅう」

## 50 ―「こんにちは！」に反応

「ごっくん工場」が完成する1993（平成5）年、東谷さんはハッと気づく。

「完成直前、『そういえば、誰がここで作るがやろう』と。それまで自分が作りよったがよ、現場へ行って。女性にも作ってもろうたりしよったけんど、自分が現場へ行ってやりよった」

小さな工場ならそれでもなんとかなった。が、新工場は大きい。製造量がけた違いだし、機械化も進んでいる。当然、責任者が常駐しなければならない。営農販売課長兼工場長の東谷さんは、販売の方が忙しくて新工場には張り付けない。

「新しい工場を動かす人がおるがやろうかって考えたら、それ真剣に考えないかんがやなあ思うてよ。当時、まだ従業員は10人ちょっとぐらいやった。柱になる者がおらんかったがよ」

考えあぐねていたある日のこと、高知市へ買い物に出た帰りに香南市野市町のハマート野市店に立ち寄った。

「『こんにちは!』って元気な声であいさつしてもろうたがよ。振り返ったら、若い男が『芝です!』と。芝ゆうたら馬路やなと思うて、『ここで働きゆうがか』って聞いたら『そうです』と」

見覚えがあった。

「芝久義ゆうて、自分が馬路村へUターンしてきたときに、グラウンドで何回か一緒に遊んじゃったがよ。当時、小学校の3年か4年ぐらいで、双子やった」

瞬間、東谷さんはひらめいた。

「この子、元気があってえいなあ思うてよ。こんな子を採用したいなあ思うて。それからまた何日かして、会いに行ったがよ。『馬路へ帰ってこんか。新しい工場ができるき』と」

芝さんはそのとき21歳。東谷さんはすでに芝さんの父親にも話を通していた。

「家族にしても、兄弟が3人おる中で1人ぐらいは馬路へ戻したいっていうのはあったと思う。本人は迷うたらしいけんど、帰ってくることになって。それからずっと、『ごっくん』を製造する責任者をやってくれゆう」

「ごっくん」一筋の芝さんは、現在53歳。

「彼がぶれずに、失敗せずにずっとやってくれたからこそ自分が製造に余分なエネルギーを使わんでもよかった。そのおかげで『ごっくん』が30年以上も続いてきたと思う」

申し訳ないことをした、と一つだけ東谷さんが振り返ることがある。

▲生産ラインを流れる「ごっくん馬路村」（馬路村農協）

「あまりにもハチミツを持ちすぎて芝が腰を痛めてよねえ。多い日は1日に25キロのハチミツ缶を70缶ばあ移さないかんがよ。できるだけ負担がかからんように機械化はしちゅうけんどよねえ、缶を動かさないかんことは間違いないわけよ。全部最初から機械でできるわけないき」

やがて触れるが、「ごっくん」を作るとき、実はユズ以上にたくさん使うのがハチミツ。

「70缶から100缶ばあ毎日抱きよったきねえ、それはちょっと腰痛めるがよ。申し訳ないことをしたなあとは思う。けんど、『ごっくん』は看板商品というか、馬路村の主力商品やきよ。その商品だけは信頼できる人間にしか作らせたくなかったっていうのがずっとあって……」

看板商品だけに、少しのミスが馬路村の評判に響く。ミスを防ぐためには芝さんにやってもらうしかない、と東谷さんは考えていた。

次回は芝さんが腰を痛めるほど大量に使うハチミツの話を。

## 51—ハチミツめぐる物語

「ごっくん馬路村」を作るとき、試作を繰り返す東谷さんが行き着いた究極の甘味料がハチミツである。なによりおいしい。砂糖やオリゴ糖に比べるとかなり高価だが、ということは価格勝負の大手メーカーは使いにくい。大手メーカーに追いつかれないためにはハチミツを使う方がいい、ハチミツを使って圧倒的においしいものを作ることが生き残りにつながる、と考えた。

「ごっくん馬路村」の成分表示は（1）ハチミツ（2）ユズ。それだけ。ユズの前にハチミツを書いているということは、ハチミツの含有量の方が多いということ。どれだけ使っているのか。

「ちょっとじゃないぜ。多分6％。違う、10％前後よ。『ごっくん』の10％がハチミツ。ユズはねえ、多分5％ぐらいやきよねえ」

「ごっくん」1本は180ミリリットル。10％だと18ミリリットルになる。ピークには年850万本売れたから、そのとき使用したハチミツは15万3千リットル。重さにしてざっと210トン。

「昔、ジュースを作り始めたとき、ハチミツをどこから買うたらえいか分からんかったがよ。そのころ日産丸紅ゆう大阪の商社から『ユズの皮をフリーズドライにしたいので下処理をした皮を作ってくれ』と言われて。400俵か500俵を作ってあげたがよ。『作るけんど、ハチミツを分けてくれんか』って頼んだら、向こうも商社やきよねえ、あちこち探して送ってきよったがよ」

ところがひとつ難点があった。

「メーカー指定がないきよねえ、いろんなメーカーのハチミツが来るわけよ。で、メーカーによって味が違うわけよ。なにが違うかというと、濾過《ろか》の方式が違うがよ。ハチミツらしさを少し残し、色とハチミツらしさが若干残ったハチミツが来たり、無色透明のハチミツが来たり……」

ハチミツの品質がばらばらだと困る。『ごっくん』が軌道に乗ったころ、東谷さんは商社からメーカーとの直接契約に切り替えようとする。

「日新蜂蜜というのが営業に来よったがよ。悪くなかったぜえ、日新蜂蜜も。そのうち六岡良太郎という加藤美蜂園の男が出入りするようになって。広島営業所から来よった。その六岡が、『今度常務を連れてきたい。たぶん東谷と馬

▲18リットル缶からハチミツを出す（馬路村農協）

が合う』と。それで常務を連れてきたがよ」

加藤美蜂園というのは「さくら印」で知られるハチミツメーカー。本社は東京にあり、当時の常務は現社長の加藤禮次郎さんだった。

「加藤禮次郎っていう男は僕と年が一緒でよねえ。お互い人間的に気が合うて。『1回工場を見に来い』ということで、横浜市の工場を見学に行ったことがある。蒸気でもって熱をかけてハチミツを柔らかくして。それをタンクに入れて、水で薄くするがよ。次に膜を使うて香りとか色を抜いていって、最後に濃縮をかけて元の糖度へ戻す。かなり複雑な工程やった。そういう工程をすることで同じ品質のハチミツができる、と」

東谷さんは「ごっくん」に加藤美蜂園のハチミツを使うことに決める。

「膜処理をした精製ハチミツ。ハチミツやけんど、香りと色を抜いたもの。味はハチミツ。それを使うと『ごっくん』にユズの特徴そのものが出るわけよ。おいしいわけよ」

知り合ったころ、加藤さんはハチミツの将来に不安を持っていた。打開に向けてユズの供給を東谷さんに打診したことが、あるビジネスにつながっていく。

# 52—厄介者がビジネスに

加藤美蜂園の加藤禮次郎さんと知り合ったころ、東谷さんは加藤さんに「ユズを分けてほしい」と頼まれる。東谷さんによると、加藤さんの思いは単なるハチミツ販売からの脱皮。まずはユズを使ったハチミツの加工品を手掛けようとしていた。

二人の会話はこんな感じだったらしい。

「うちもこれから伸びていかないかんき、ユズ果汁をよそに分けるほどはないがよ」

「果汁がだめなら、何だったらいいの?」

「ユズの皮やったらかまん」

ユズ果汁は『ごっくん馬路村』やほかの加工品に使わなければならない。村内のユズだけでは足りなくなる可能性もある。ところが……。

「ユズ皮には困っちょったがよ。仮にユズを800トン搾ったとしたら、果汁はわずか16~17%やき、残りはほとんど皮と種。その皮の利用というのがよねえ、なかっ

▲「北川村ゆず王国」（北川村加茂）

たがよ」

　東谷さんの計算によると、800トン搾れば400トン以上の皮が残る。

「ジャムとかユズみそに使う皮ゆうたらよねえ、年間に10トンばあしか必要ない。皮の処理にね、もう日本中のユズ産地が困っちょったがよ」

　東谷さんもいろんな試みをした。

「川の土手というか、川沿いのやぶの中に捨てたり、個人の所有地に許可をもろうて埋めたり。農家の畑を借りて、ユンボで穴掘って埋めたときにはねえ、川の水というか、コケの色が変わりだして。捨ててから2、3カ月ぐらいしよったらそうなって、これはいかんなと思うて」

加藤さんの提案は皮の乾燥・粉末化。実現に向け、両者で共同研究することになった。

「どうしたらきれいな黄色い皮の状態のまま乾燥できるか。1日に30トン搾ったら翌日までに30トン乾燥させせんといかんわけよ。その研究に3年か4年かかったねぇ」

加藤さんと機械探しの旅をしたこともある。

「お茶を乾燥させる工場とか、ちりめんじゃこを乾燥させる工場を全国あっちこっちに見に行ってよねぇ。何回も失敗しながら、機械替えながら、現在に至って、現在はほぼ百パーセント処理しゆう。搾ったあとの皮をスライスして、乾燥しやすくして。翌日の朝までに乾燥できちゅう」

馬路村農協がユズ皮乾燥施設を完成させたのは1996（平成8）年。乾燥後の皮は七味唐辛子に使ったり、入浴剤に使ったり。馬路で使わない分は加藤美蜂園の営業網が全国で売る。

「たぶん90％以上は加藤美蜂園が大手メーカーへ原料として売りゆう。現在の処理容量は1日100トン。大規模なユズ皮ビジネスって全国でも馬路だけやと思うけんど、加藤禮次郎と出会わんかったらこんな着眼はなかったかもしれん」

加藤さんが構想したハチミツ＋ユズの加工が実現した場は馬路のお隣、北川村だった。

「本当は馬路へ作りたかったと思うけんど、馬路には原料も土地もないきねえ。加藤は北川村へ工場を作るときにだいぶ気にしてよねえ。僕に『作ってかまんか、作ってかまんか』と。僕が『いかん』って言うたら作らんかったと思うけんど、そんなに僕もこまい男じゃないきよねえ、北川村のためになるやったら作ったらえいやんかと」

加藤さんが作った「北川村ゆず王国」は次々とユズ関連製品を発売して快進撃を続けている。加藤さんへの敬意をこめて東谷さんが言う。

「ユズ加工品を作る意味では、強力な競争相手に成長したねえ」

# 53──「心臓やぶり」支える

1991（平成3）年に話を戻す。

この年の正月明け、西野真司村長が現職のまま亡くなった。沈み切った村で、「明るいことをやって村を盛り上げよう」という声が大きくなる。形になったイベントが同年秋に実現した「おらが村・心臓やぶりフルマラソン」だった。

「話を聞いて、『ほんなら協力するわ』と。農協は給水所を担当したけんど、あれ、『ごっくん』ができてなかったら無理やなかったかと思う。給水所は15カ所あって、そこで配るドリンクがあったし、なにより農協がスタッフを出せるだけの人員になっちょったきねえ」

西野村長が村予算をテレビCMに投じて育てた「ごっくん」が、村長亡き後の村を盛り上げるイベントを支えた構図だった。

「どこからどこへどう走ったら42キロとれるぜえってゆうので、何回も何回も会やってねえ。魚梁瀬スタートになって、ゴールが馬路と。それからその42キロをよねえ、前教育長の清岡明徳と、ほかあと2人ばあおったと思うけんど、50メートルのメジャーで全コース測ったきねえ」

東谷さんも計測に加わった。

「そらあ測らいで。人にまかしてそんなことやれんろがえ。全部測った。山道ばっかりでよねえ、カーブは端から1メートルを測るとか、細かいところまではようやらんけんどよねえ。42・195キロ、メジャーを当ててきっちり測ったというのは自信を持って言える」

準備は大変だったが、熱風が吹き込むように村に活気が戻った。

「20回でやめたけんど、『心臓やぶり』が高知県のマラソンブームに火を付けたのは間違いないと思う。市民ランナーが誰でも参加できるフルマラソンのきっかけを作ったき。全国からランナーが来たきねえ。本当はもっと来るがやったけんど、役場やスタッフが恐れて600人か700人で打ち止めにした」

前夜祭にも力を入れた。

「馬路のおいしいもん構えて、なかなか味のあるパーティーをやった。『明日走る

▲「心臓やぶり」の給水所を見回る東谷さん（馬路村）

がやに酒飲むがかえ』って思いながらよねえ、『まあ市民ランナーやきえいか』みたいな。盛り上がったねえ。宿泊は温泉と、中にはテントを張る人もおった。民家に泊まる人もおったねえ」

当時、馬路への県道はほぼ1車線。慣れないと怖いくねくね道だった。そこを通って何百人もの人がどっと馬路へ集まった。

「そのころやと思うけんど、大阪から来たお客さんからこういう手紙をもろうたことがあるがよ。『行きたかった馬路村にやっと行ってきました。あの狭い道を通って行った馬路村のことは一生忘れません』。そういうふうに思ってくれるがやったら、苦労して行くっていうことに価値があるがやなあと思うたもんやったけんど……」

数十年を経て少し考えが変化した。

「最近思うことは、久しぶりに狭い道を走ったら、やっぱり自分もしんどくなってきたなと。都会の人から見たら、あの時代に馬路村に行くというのは本当に勇気がいるというか、怖かったがやなあ」

## 54 ― 道路から政治を見た

東谷さんは若いころから道路に目を向けてきた。都市部と馬路村との地理を縮めることはできないが、時間距離を縮めることはできる。道路を改良すればそれが実現する。

「青年団やりゆうときから2車線化を言いよった。けんど、いまだに実現してないわねえ」

青年団時代と比べると、馬路への県道ははるかによくなった。道幅が広がったし、2車線化できた部分もある。が、完全2車線はまだ遠い。その理由を、東谷さんは主流に乗れなかったことだと思っている。県政の主流である。

「当時、県内53市町村の中で中内知事が負けちょったのは馬路しかなかったきよねえ。道路をようしてくれゆうても、ようならんかった」

中内知事というのは1991（平成3）年まで知事を務めた自民党公認の中内力氏。馬路村は営林署で働く村民が多かったため、所属する労働組合の関係で中内知事に投票しない人が多かった。

「うちの家の上に尾谷利晴ゆう人がおって、選挙になったら電話がかかってくるがよ。『上がってこい』ゆうて。本人の選挙のときもそうやし。国政選挙のときもよ。若いころからぎっちり呼ばれて、ああやこうや言われてよ。それで選挙に目覚めたゆうか、それからよねえ」

尾谷さんは村議会議長などを務めた自民党馬路支部の実力者。東谷さんは尾谷さ

▲ゆっくりとだが、2車線化は進んでいる（馬路村）

んから「政権与党につかんかったら地域はよくならん」という考えをたたきこまれる。やがて自民党に入り、知事選で中内力氏を応援する。

中内氏が引退した91年の知事選は、同氏が後継指名した元大蔵官僚の前副知事と、高知にゆかりのない元NHK記者、橋本大二郎氏の戦いとなった。自民党は総力を挙げて前副知事を応援したが、東谷さんは橋本氏を応援する。

「橋本さんに何ができるとゆうがはないがよ。けんど、高知県のこの沈んだムードを盛り上げてくれるのは、やっぱりカリスマ的な人がいるがやないかなあと自分なりに考えたがよ。あのとき高知県を何とかしようっていう思いを持ったもんは橋本さんに入れたがやないかなあ」

高知市の選挙事務所へ行って1万円をカンパし、橋本氏が馬路村に来たときは堂々と応援した。橋本氏は圧倒的な大差で勝利した。

「選挙後、自民党馬路支部の総会をやったときにねえ、ある党員が『この中に党員でありながら橋本大二郎に入れたがおる。この処分をどうすりゃあ』ゆうて。『ほんなら僕やめます』ゆうてやめた。だいぶあとにまた入らされたけんど」

政治について、東谷さんはこう振り返る。

「予算にしてもよねえ、まあ一番顕著なのは道路やったと思うけんどよねえ、『道路よくしてくれ』ゆうても馬路はなんちゃあようならんかった。やっぱり、政権とか、主流へ乗ってない村や地域っていうのは残されていくわねえ」

嘆きながら、こう続けた。

「けんどそのことがよねえ。この村に変なものを作らなかったことにつながっちゅうと思う。僕も全国いろんなところへ行ったけんど、どこの町へ行っても大きな建物があって、きれいな2車線の道路があって。結局、特徴のない町ばっかりになってきた。発展しなかったことが今のこの時代に少し新鮮なところがあるんじゃないかなあと思うようになってきた」
馬路村には信号がない。コンビニもない。

## 55 ― ウナギとアユで大接待

『ごっくん馬路村』ができた平成の初めごろ、取引先が東谷さんを訪ねてくるようになった。ハチミツの取引を始めた加藤美蜂園の加藤禮次郎さんは、父親と子どもを連れてきた。馬路に人が来たら精いっぱいもてなすのが東谷流。といっても農協にカネはない。接待も東谷流で行った。

「昔の僕のやりよった接待ゆうたら、いっつも馬路温泉の下の河原でよねえ。あれ、なんて言うかな。アウトドアか。そのころまだ農協も貧乏やき、カネがないやいか。勝手に接待したりしたら『またカネ遣うて』ゆうて怒られるきよ」

▲平成の初め、河原接待の準備をする東谷さん（馬路村）

河原でやっても手を抜かないのが東谷流。

「ウナギ焼いたり、アユ焼いたり、バーベキューして。座りやすく、ござ敷いたりいろいろして、テーブルも板を運んだりしてよねえ。けんど川でそういうセッティングしたらねえ、そのロケーションだけで東京の料亭にも負けんきねえ」

取引先、広告代理店、お役所の人……。かかわりのある人が来るたびに河原を使った。

「準備はややこしかったぜえ。手を抜いたらいかんがよ。ここまでやるかというぐらい、たとえば河原に石を置いたり、作り込まないかんがよ。川に石がゴロゴロしちゅうやいか。それを並べ替えて火をたくところを作ったり、座りやすいように石をのけたり。雰囲気を作らないかんがよ」

ライトは電気ではなく炎が出るランタン。それもホワイトガソリンの炎。雨が降りそうなときはタープも張っておく。

「ウナギは自分で捕りよった。もちろん安田川の天然ウナギ。はえ縄か箱筒で。大きいのを捕るときは箱筒を使うけんど、その場合は1週間から2週間前に仕掛けんといかん。仕掛けて、事前に上げて、捕れたウナギを家で飼いよらないかん。さばくのも自分でやる。子どものときからやりゆうき、さばくのは全然できる。小さいウナギより太いウナギがさばきにくいぜ。暴れるし、骨かたいしよ。けんど大きいウナギはおいしいねえ」

アユは当日捕ってくる。東谷さんは大阪から馬路へアユの友釣り名人を呼んで技術を習得したり、「馬路アユ研」をつくったりするほどアユ釣りに凝っていた。が、なにせ忙しい。

「どうしても自分が捕ってこれんときは、そのころ従業員にアユかけ（友釣り）の上手なのがおったき、『きょう行って捕ってこい』ゆうて行かして。秋やったらマツタケがあったらもう最高やきねえ。マツタケは馬路にもあるよ。マツタケもだいぶ取ったねえ。それが接待道具やったき」

なによりいいのは時間の制限がないこと。午前零時前にお開きになることはなくて、午前2時まで語らい続けたこともある。星空の下、時間の心配もなく、お金の心配もない。みんなが喜び、都会に戻って「馬路は最高」と言ってくれる。次は家族で来てくれる。友人が来てくれる。

「一番は雰囲気やけんど、その場を作った努力も評価されるんやないかなあ。やるなら最高を目指さんといかん。明かりにしても、ホワイトガソリンのランタンは炎がきれいやきねえ」

人を大事にするから人に助けられる。東谷さんはやがて得難い人物と知り合うことになる。

# 56 第一印象は「怖い」

「この話、そろそろ大歳さんを出さないかんねえ。大歳さんはねえ、『ごっくん』ができて何年目かに、なんかよさこいをぎっちり見にきよって、どこで『ごっくん』を飲んだかは知らんけんど、高知から馬路までタクシーで来たがよ」

大歳さんというのは大歳昌彦さん。馬路村農協の記録によると、馬路に来たのは1997（平成9）年の夏だったらしい。

「『言いゆうこととやりゆうことが違う』って、『ごっくん』を知り合いに送ったあとに相名の工場へ来て騒ぎよったがよ。相名の工場から農協の本所へ電話がかかって、平野美穂っていう女性から僕の電話、携帯がもうあった時代かな。とにかく僕が呼ばれた。『えらい人（大変な人）が来ちゅうきに早う帰ってきてや』って」

馬路温泉の玄関が乱雑だし、忘れ物コーナーも汚い。大歳さんはそれを指摘していたらしい。

「急いで帰ったら大歳さんがカウンターでなにやらわーわー言いよった」

大歳さんの第一印象は「怖い人」だった。

「強気の、こわもてタイプ。僕より三つ四つぐらい上やきねえ。そういう人に対して弱気になったらいかんと思うて、元気なあいさつで入っていったがよ。『こんにちはー‼』『どちらからですかー‼』みたいな感じで、堂々と。それで、まあまあちょっと対等に話ができるようになって」

名刺を見ると、住所は京都で「日本ペンクラブ会員」とある。

「話になりだしたら、『島根県の浜田で、何月何日に講演会やるきに来るか』って言われてよ。行かんかったら大歳さんとの縁は多分なくなるなと思うて。もうちょっと付き合わんといかんがやないかなという、自分の感覚よねえ。ほんで、行ったがよ。従業員を2人連れて」

3人で車に乗り、浜田市まで行って大歳さんの講演を聞いた。

「そのあと15へクタールばあお茶をやりゆう人の家に行って、お茶畑の話を聞かしてもろうたりして。人と人とをつないでくれる人やったがよ、大歳さんは。それから全国各地の、いろんなところへ引きずり回されて、いろんな人と知り合うた。それが10年間ばあ続いたねえ」

　やがて東谷さんは大歳さんから「馬路の本を書きたい」と言われる。

「最初に会ってから数カ月後やった。まさか本を書きたいと言ってくるとはねえ。それが『ごっくん馬路村の村おこし』。そんなに長く付き合ったわけじゃなかったきねえ。本を書きたいって言われて、これは弱ったなあと思うて」

　判断できないまま南穂積組合長に相談した。

「何にも答えはなかった。仕方ない、もうこれは協力するしかないなと。協力してあげんと、悪い評判の本になったらいかんなあと思うて。ほんで、今までどういう

▲最初はこわもてに見えた大歳昌彦さん

ふうにしてここまでやってきたかっていうのを話してよねえ。大歳さんは馬路村へ10日前後ばあ泊まり込んじょった」

「ごっくん馬路村の村おこし」が日本経済新聞社から出版されたのは1998（平成10）年。

「16刷りまで売れやせざったろうか。けっこう売れたと思う。まあ、おかげで本を通じて出会うた人もいっぱいおるし、商品の売り上げにもつながったし。京都と東京の本屋で何回か馬路の物産展もやったがよ。ジュンク堂やった」

この本が馬路の物語を全国区にした。東谷さんの人脈も広げた。

## 57―視察が1日6団体

大歳昌彦さんと知り合ったことで、東谷さんはさまざまな人を知ることになった。

年齢からいっても大歳さんは東谷さんの兄貴分。しかも押しが強いので、東谷さんは従うしかない。それが人脈作りにつながっていく。

「この山でこもっちょってもよねえ、なかなか人脈は広がらんきねえ。確かに視察はたくさん来てくれて、ずいぶん人に出会うた。けんど視察っていうのは受け身やきよ。20人、30人来て、名刺をみんなと交わしてもよねえ、誰が誰やらわからんやいか。深い話もできんし。こっちから足を運んだら、いろんなものが聞けるし見える。特に自分の目で見るっていうのはぜんぜん違う」

「ごっくん馬路村」が売れ始めたころから視察は急速に増えていた。

「視察の受け入れに悩んだ時期もあるがよ。けっこう手を取られるきねえ。毎日2、3団体が来て、一番多かったのは6団体で、朝から夕方5時まで話をした。1団体に1時間ちょっとかかるきねえ。6団体来た日は視察対応だけで仕事が終わって。視察の人にごっくんを1人1本ずつ出して、自分も一緒に飲んだき、その日は6本飲んだ」

遠くは小笠原諸島や沖縄の南大東島からもはるばる視察に来た。視察が多いのはありがたいが、多くなりすぎたら本業に影響する。

加熱殺菌をした後の
あつあつのドリンクが
シャワーでゆっくり
冷まされます。

▲今の工場には2階に視察ルートがある（馬路村）

「それで大歳さんがよねえ、もうお金取ったらどうやって言うたがよ。いろいろ考えて、資料代の形でよねえ、1団体2万円にして。ちょっとの間、それをもろうたがよ。すぐ100万円ぐらいになったけんど、妙にこれ違うぞと。お金を稼ぐことが目的でやりゆうがやないと」

結局、2カ月ほどでやめた。

「確かにねえ、技術やノウハウを説明するわけやきよねえ、ただで説明せえというのもちょっと違うかもしれん。けんど村おこしとかっていう部分になると、この村に来てくれて、温泉を利用してくれたり、物を買ってくれたり。何らかの形で波及効果があって、地域が活性化することも考えたがよ。お金を取るよりも、『行ってよかったねえ』って言うてくれる方がええやんか」

このころ東谷さんは売り上げよりも村おこし、地域づくりを考えるようになっていた。

「西野（真司）村長が亡くなって少ししたころからやったと思う。忙しさがちょっと落ち着いて、余裕が出たときに、村おこしというか、村作りへ考えが変わっていったがよ。大歳さんにいろんな所へ連れて行ってもろうたことがずいぶんヒントや参考になった。やっぱり人に出会うたきよねえ」

東谷さんによると、仕事に少し余裕ができたのは1996（平成8）年から98（平成10）年にかけて。ちょうど大歳さんと出会ったころだ。大歳さんに誘われるまま全国各地に出かけ、ときには2人で講演もした。

「かなり多くの人に出会うたねえ。それがユズの事業に参考になったかってゆうたら、それは少ないかもわからん。けんど、村おこしや村作りから見たら参考になる話が多かった」

大歳さんの誘いで行ったある場所が、やがて東谷さんと馬路村に多大な影響を与えることになる。

## 58―発端は宮崎県の綾町

2023（令和5）年9月26日、日本農業新聞の1面に馬路村の名が踊った。農林水産省が発表した初の有機農業市町村ランキングで圧倒的な日本一に輝いたのだ。耕地面積に占める有機農業面積の率は、なんと81％。2位の山形県西川町が15％だから、いかにすごい数字かが分かる。

馬路村農協がユズ栽培を有機に切り替えたのは2001（平成13）年だった。きっかけは1999（平成11）年にさかのぼる。大歳昌彦さんに誘われ、東谷さんは宮崎県の綾町に足を向けた。

「大歳さんと2人で行った。西日本新聞か何かに載っちょった郷田実さんの記事を

▲のちに馬路村一行を引率したとき、照葉大橋の前で（宮崎県綾町）

大歳さんが見て会いに行ったがやなかったかなあ」

郷田実さん（1919～2000年）は1966（昭和41）年から1990（平成2）年まで綾町長を務めた人物。村おこし、地域作りの世界では伝説的ともいえる手腕を発揮した。

「建築基準法を変えた男とも言われるってなんかへ載っちょったけんどねえ。木造3階建てを作った一番最初ながよ。綾城っていうのを作るとき、国が規制するがを強引にやっちゅうがよ」

綾町のホームページによると、綾城は室町時代初期、1330年代に築城された山城。時代考証に基づいて再建されたらしい。

「それからつり橋。有名な照葉《てるは》大橋。人間しか渡れんけんど、超高い。日本一高い。それを見てつり橋って客呼べるなって思うた。馬路へ帰って『つり橋やらんか』ゆうたけんど、役場はやるって言わんかった」

正式名は綾の照葉大吊橋。全長250メートル、高さ142メートル。最大の特徴は、交通のためではなく、照葉樹林を見るために架設したことだ。綾町の80％は山林で、かつては林業が基幹産業だった。林業が廃れ始めたころ、林野庁は山林の多くを占める照葉樹林の伐採を決める。町議会が伐採に賛成する中、郷田町長は猛勉強をして自然の循環の大切さを知る。先頭に立って伐採に反対し、町民の75％の署名を集めて農林大臣に直訴して伐採を止めた。残した照葉樹林のすばらしさを見てもらおうと作ったのがつり橋だった。

東谷さんと大歳さんが訪れた1999年は、郷田さんが亡くなる前の年。家に上がらせてもらい、1時間半にわたって話を聞いた。

「緊張の1時間半やった。2人に講演してくれゆうような感じでねえ。町長として、綾町をどう作ってきたかを聞かしてもろうて。照葉樹林の中にきれいな川が流れよって、そこに黄金のアユといわれるアユがおって、その照葉樹林を営林署が切ろうとしたので国と掛け合ってとか。いろんな話を聞かせてもろうたけんど、一番多かったのは有機の話かもしれん。郷田さんはたぶん日本で最初に有機農業を町へ取り入れた町長ながよ」

綾町は1988（昭和63）年に綾町自然生態系農業認定制度を策定し、町ぐるみで有機農業に取り組んできた。たとえば「金」と表示できる農産物は「化学肥料・化学合成農薬なし。3年間土壌消毒・除草剤使用なし」に限られている。

「町主導でやりゆうがやき。『ほんものセンター』という直売所を作って、認証された有機農産物を売って……」

# 59 有機で行くべきか……

1999（平成11）年、宮崎県綾町に行った東谷さんは町の取り組みに衝撃を受ける。

「循環させせゆうがよ。たとえば人糞《じんぷん》も行政が堆肥にして町民に配布しよったきねえ。普通はウシとかブタとかニワトリのものやんか。人間のものを循環させるという発想がすごかった。その堆肥を畑に使いゆう現場を見させてもろうて。途方もなく前からやりゆうなあと思うた」

郷田実町長のもと、綾町は自然生態系農業を掲げてモノの循環を試みていた。その核が「綾手づくりほんものセンター」だった。堆肥で作った有機・無農薬の農産物をここで売る。消費者が買って食べる。それによって、水も空気も廃棄物も肥料も農産物も町内をぐるぐる循環する。

「郷田さんの話、大歳（昌彦）さんもひとこともしゃべらんと聞きよったねえ」

実はこのころ、東谷さんの頭には有機という文字がインプットされていた。きっかけは農林水産省が有機農産物の認証に舵《かじ》を切ったことだ。99年にＪＡＳ（日本農林規格）法を改正し、２００１（平成13）年から有機の認証を受けない農産物は「有機」「無農薬」を名乗れなくする方向で進んでいた。

「馬路はほとんど無農薬でユズを作りよった。実質無農薬やけんど、認証を取らんと無農薬とは言えんようになるがよ」。有機とは何か、認証とはどんなものか。はるか先を進む綾町は町独自の認証制度を作っている。馬路はどうするべきか、と考えているときに大歳さんがまた声を掛けた。

「『神戸大で有機農業学会があるき、行かんか』と。綾町に行ってからそんなに間がたってないときやったと思う。僕の勉強のために連れて行ってくれた。行けば何らかの人に会うがよ」

２０００（平成12）年12月、東谷さんは神戸大学で開かれた日本有機農業学会の第１回大会に出席する。70～80人が参加していた。

「発言してしもうたがよ。『そんなこと言うたち、農家ができるもんか』と思うて。現実を知らんな、この人らあでは有機は進まんな、と思いよって気づいたがよ。『そ

▲神戸大で開かれた日本有機農業学会で（神戸市）

うや、学者やき、実践部隊やないがや』と。僕ら実践しか知らんきよねえ」

学会だから、参加するのは研究者がほとんど。実践者とは違う。東谷さんは生産者の立場から有機の推進策について意見を述べたらしい。

「どこで知り会うたのか、大蔵さんはリーダーの保田教授を知っちょって。その弟子の安井さんも来ちょった」

保田教授というのは有機農業学会の会長を務めた神戸大の保田茂教授。安井さんというのは神戸大での教え子で、愛媛県今治市役所にいた安井孝さん。全国に先駆けて有機の学校給食を実現した中心人物として全国的に知られている。

安井さんと話をし、東谷さんは有機認証のハードルの高さを知る。

「認証のハードルは高いけんど、『馬路のユズは安全な栽培をしゆう、化学系の農薬も肥料も使うてない』とお客さんにアピールしたい。どうやったらそれができるか、だいぶ考えた」

東谷さんの発想は、やがて馬路村農協ユズ部会で大反発を招くことになる。

## 60 「やってみんかよ」

ユズは玉のまま出荷した方がはるかに値がいい。20代のころから東谷さんは、農家に良質なユズ玉を作ろうと呼び掛けていた。

残念ながらその思いは届かなかった。美しい玉を作るには何度も防除をしなければならない。ところが馬路のユズ農家は兼業が多く、手間がかけられない。必然的にユズの行き先は酢に偏った。搾ってユズ酢にしてしまえば玉の見た目は関係ないからだ。ユズ酢の需要を高めるため東谷さんはユズ加工品を模索、1988（昭和63）年にヒット作「ごっくん馬路村」を生み出した。

99（平成11）年ごろ、東谷さんは馬路のユズがほぼ無農薬だということに着目する。防除をしないから結果的に無農薬なのである。ユズ酢にするときは皮も一緒に搾るので、消費者から見たら無農薬の方が安心できる。有機・無農薬の循環型農業で先行する宮崎県の綾町に行ったことが東谷さんに力を与えていた。有機農業という言葉が頭から離れなくなっていた。

ちょうどそのころ、国が有機の認証制度を整備し始める。認証を取らないと「有機」「無農薬」を表現できないシステムになった。安心安全をアピールするなら有機の認証を取るしかない。

2001（平成13）年12月、東谷さんは神戸大の有機農業学会で知り合った今治市役所の安井孝さんを招いて講習をしてもらう。認証を希望する農家は13あった。それら農家の認証作業も安井さんのNPOに託し、無事に認証を取得した。認証を取るには相当の費用がかかるし、日誌をつける必要もある。ユズ部会員は133人

▲東谷さんのユズ畑にいたテントウムシ。たくさんいる（馬路村）

いたが、認証を目指す人は多くはなかった。1年半後、東谷さんはほかの農家も認証に準じる栽培で足並みをそろえようと提案する。「みんなでやらないと『馬路のユズは安全』だと言えない」という理由だった。手段として、化学系の肥料農薬を農協で一切扱わないようにしようとした。

「ユズ部会の総会へかけたら、意見がわんわん出だしてよねえ。普通の農業、楽やいか。除草剤使えるしよねえ。効果のある農薬も、殺虫剤も使えるし。有機の場合は除草剤がないし、殺虫剤もほとんどないがよ。組合員からは『なんで農家がしんどい方向へ農協が舵《かじ》切るがな！』ゆうてわんわん声が出て、収拾がつかんなりかけたがよ」

東谷さんは「もう無理だ」とあきらめかけた。打ち切るしかない、と。そのときだった。

「部会長の久保明郎さんがねぇ、ひとこと言うてくれたがよ。『お客さんが喜んでくれるがやったら、お客さんが喜ぶ農業へ、みんな取り組んでみんかよ。農協の言う通りにやってみんかえ』と。そのひとことでざわつきが消えて、やろうという雰囲気になった。認証を取る人も、取らん人も、村全体が一気に有機へ舵切った」

以来、認証を取っていないユズ農家も化学系の肥料・農薬・除草剤は全く使っていない。馬路のユズ栽培が特筆されるのは、実はそこにある。

「ユズに関して、農協が化学系の肥料農薬除草剤を扱わんなってもう21年になるかな。けんど、しんどいぜえ。夏場の草刈りは」

23（令和5）年9月に発表された初の有機農業市町村ランキングで圧倒的日本一に輝いた原点は、ユズ部会総会での久保さんの発言だったのかもしれない。東谷さんが振り返る。

「ほんとに久保さんがよう言うてくれた。言うてくれんかったら、どうなっちょったか分からん」

## 61 ― 先輩を飛びこした

今はなき高知スーパーを経て東谷さんが馬路村農協に入ったのは１９７３（昭和48）年5月。６年後に営農指導員兼営農販売課員となり、83（昭和58）年には営農販売課長になった。ユズに狙いを定め、「ごっくん馬路村」などの加工品を開発、東奔西走して販売した。ひたすら前を向いて走った。転機が訪れたのは課長となって17年目が終わる２０００（平成12）年の初めごろである。

馬路温泉へ呼び出された。

「専務理事の乾秀夫さんと非常勤理事の大野源治郎さんに呼び出されて。何事やろうかと思うて行ったら、『課長兼参事にするけんど、かまんか』みたいな話やって。参事職ってあんまり分からんかったし、人事の話やき、いかんとも構わんともこっちが言う話じゃないやいか」

あとから考えると、参事は伏線だった。その年の秋、またも馬路温泉に呼び出される。

「乾秀夫さんと、組合長の南穂積さんやった。翌年春の改選時に『理事に出え』って言われたがよ。役員になれということよねえ。そのときはびっくりした。先輩がたくさんおったがよ。4〜5人おるがよ。ほんで、迷うたがよ」

改選は3年に1度。2000年度の末が改選期だった。改選といっても、事前に農協内で調整するから選挙になることはない。

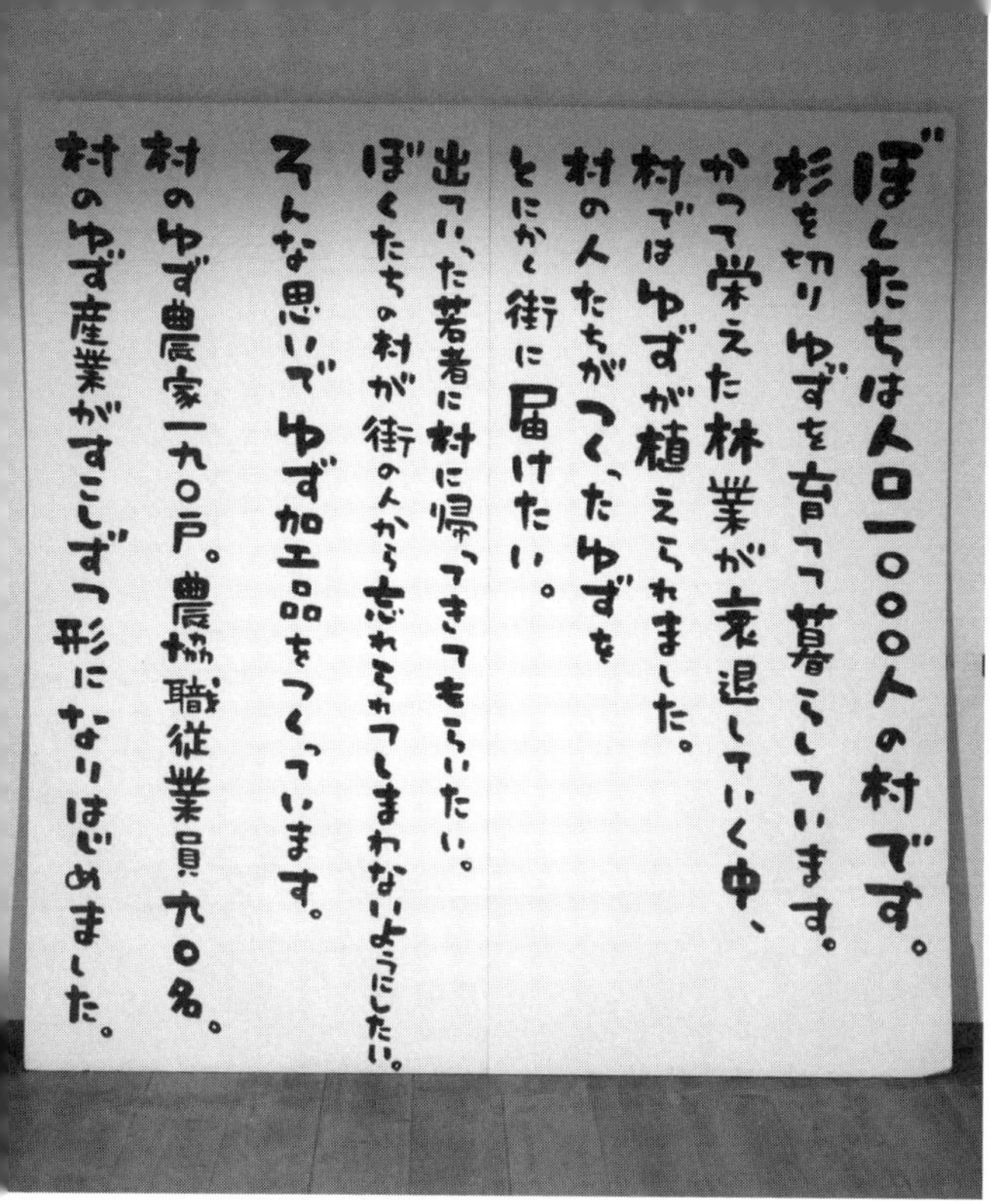
ぼくたちは人口一〇〇〇人の村です。
杉を切りゆずを育てて暮らしています。
かつて栄えた林業が衰退していく中、
村ではゆずが植えられました。
村の人たちがつくったゆずを
とにかく街に届けたい。
出ていった若者に村に帰ってきてもらいたい。
ぼくたちの村が街の人から忘れられてしまわないようにしたい。
そんな思いでゆず加工品をつくっています。
村のゆず農家一九〇戸。農協職従業員九〇名。
村のゆず産業がすこしずつ形になりはじめました。
▲村の物語を端的に表現したらこうなる（馬路村農協）

「いやほんでそれをねえ、どうやってやったかっていうと。いや僕は、出ろうと思うたがよ」

そのころはもう日本全国に馬路村の名が広まっていた。「ごっくん馬路村」やぽん酢しょうゆ「ゆずの村」のファンは増え、1999(平成11)年度のユズ加工品販売高は22億5千万円。農協の経常利益は2億5600万円で、当期剰余金は1億7200万円に達していた。早期合併しかないと思われていた弱小農協が、県内屈指の経営基盤を誇る農協に生まれ変わっていた。

誰が見ても最大の功労者は東谷さんだった。しかし組織の論理はそう単純ではない。

「先輩がいっぱいおる中でよねえ、あとから入った僕が出るっていうのは、またトラブルの原因になるなあ。トラブルというか、その、妬《ねた》みみたいなことになるなあと思うたきよ。これ、ちゃんとやらんかったらいかんなあと思うて」

役場近くの食堂に先輩方を招き、説明した。

「先輩課長と同僚課長を4、5人。まあ課長全員よねえ。『ちっと相談がある』ゆうて来てもろうて、その話をしたがよ。誰も『いかん』とは言わんし、大喝采でもないがよ。まあ、他の人にとってはうまくない酒やったとは思うけんど」

東谷さんは理事になりたい理由があった。

「初めはユズを売るだけのことやったけんど、ただユズを売るだけやなしに、どう村を活性化していくかっていうところが見え始めてきたときでよねえ。そこをやりたいと思うてよ。えい話やき、なんとかやりたいと思うたがよ」

２００１（平成13）年４月、東谷さんは理事になった。しかも代表権のある常務理事。

「提案権があるきねえ。課長のときは思いがあってもよねえ、理事会への出席もできんやいか。代表権があって提案できるようになったらよねえ。それはやっぱり思いを形にできるき。ユズで村を活性化するということを、農協が僕に託してくれた。いや、僕が託されたがかなあと思う」

49歳になったばかりだった。村づくりを形にする、その道筋が見えてきた。

## 62　いかん、工場がいる

常務理事に就いた2001（平成13）年ごろ、東谷さんには懸案事項があった。1993（平成5）年に作った相名地区の「ごっくん工場」が手狭になってしまったのだ。

「ユズ加工品が売れて、工場が狭くなって、これから先どうしたらえいろうかって思うたがよ。僕はまた相名あたりの田んぼをつぶさないかんろうかと思うたけんど、農協がねえ、田んぼや畑をつぶして工場を作るのはやりとうないって思いよったがよ。農地がそれだけ減るわけやし」

ぽん酢しょうゆ「ゆずの村」の商品化を助けてくれた愛媛県の高田茂さんがヒントをくれた。

「『えいところがあいたところがあるやいか』って高田さんに言われて。それが営林署の貯木場跡地ながよ。それはお国のもんやきよねえ、簡単にいかんぜえって思

▲「ごっくん」のラベルが高速で貼られていく（馬路村農協）

うて」

　馬路貯木場は馬路地区の中心、旧森林鉄道の駅横に広がっていた。場所も広さも申し分ないが、持ち主は国であり、農協が直接買えるものではない。林業立村を掲げる馬路村の象徴でもある。

「それに僕は、営林署が使わなくなったら公共施設をつくるべきやと思いよったがよ。公共施設の中で何がいいかってゆうたら、僕は二つ考えちょった。一つは運動公園をつくったらえいと。これは全国の大学とか社会人チームとか、夏の暑いときや、まあ冬でもあんまり雪は降らんし、陸上の練習には川の横でものすごく気持ちえいがよ」

東谷さんもときどき貯木場跡地をぐるぐる走って気持ちよさを体で感じていた。

「もう一つは、大歳（昌彦）さんとの関係で付き合いが始まったがやけんど、青森県の『津軽の里』っていうところに行ったことがあって。津軽の里って何かっていうたら、東京にはもう土地がないき、東京都がお金を出して作った福祉施設ながよ。東京の人が何割とかいう決まり事はあったみたいやけど、地元の人も入れる。寒いところやに、その寒いところへつくっちゅうわけよ」

東京都は全国に何カ所も同様の施設をつくっているらしい。馬路なら暖かいし、緑に囲まれているし、なにより地元の人も入所できるのがいい。などと考えていたのだが……。

「いかん。もうこれだけ物が売れてきたら、そんなことを考えるより、ここへ新工場を建設することを考えないかん、と。まず村長に会いに行ったがよ。上治堂司村長に。『村に何か計画があるがやったら、農協は工場計画を進めんけんど』って聞いたら『村の計画はない』って言うき」

それなら新工場を貯木場跡地に建てよう、と考えて計画を作り始めた。

「最初はねえ、『営林署村構想』って名前を付けちょった。村長にそれを言うたら『営林署村構想はどうぞやめてくれ』って言われたがよ。魚梁瀬にまだ営林署があったき、それに気を使うてやと思う。それから帰ってまた考えて。考え方はえいと。タイトルだけがいかんと言われたき。ほんで、次考えたのは単純に『ゆずの森構想』。ユズの森を作ろうってって最初はイメージしちょったがよ。ユズの木を植えて。ユズの森ってどんな森になるろうなあというような夢を描きながら」

## 63 ―「今すぐ売りたい」

2001(平成13年)、常務理事となった東谷さんは「ゆずの森」構想にまい進した。貯木場跡地は馬路地区中心部の入り口にあって、広さ1万5千平方メートル。新「ごっくん工場」をはじめとする施設群をそこに集中させる。

「理事会で『なんぼかかるがぞ』って言われて。僕が書いた絵というか、大体のイメー

▲新搾汁工場。漆喰壁が山峡に映える（馬路村）

ジが金額ではじき出せたがよ。『25億から30億ぐらいかかるかもしれん』と。搾汁工場から始まって、ごっくん工場、それからまあその他いろいろ、化粧品工場やレストランやなにやかにや」

ざっくりとした案だったが、反対はなかった。

「積極的にやれというのもなかったけんど、反対もなかった。役場へ話したら、村も協力するみたいになったがよ」

最初の仕事は貯木場跡地の購入だった。

「営林署の土地を買うにあたっては、農協が直接交渉できんがよ。役場に間に入ってもらう形で魚梁瀬営林署と話をつけていった」

営林署という呼称はその2年前に森林管理署に変わっていた。同時期に始まったのが国有林野特別会計の処理で、3兆9千億円の赤字のうち2兆8千万円を一般会計に移していた。それでもまだ1兆円以上の赤字がある。国としては売れるものは売りたいという思惑だったらしい。

「営林署も大変やったと思うがよ。営林署に『買いたい』という話をしたら、もう今すぐに売りたいみたいな感じやった」

最初の建設は新搾汁工場だった。

03（平成15）年に完成した新搾汁工場を見やりながら、東谷さんが説明する。

「景観も大事やって思うたがよ、まちづくり村づくりでは。木の村やから木を使いたかったけんど、消防法が関係してきて、庇《ひさし》から上の部分は『耐火構造やないといかん』って。あの白い部分ね、あれ漆喰にしたがよ。耐火ってゆうたら鉄板とかガルバリウムやけんど、安っぽいやいか。僕は自然素材を使いたかったきよねえ」

設計を担う細木建築研究所（高知市）の細木茂さんに言って土佐漆喰を使うことにしたのだが……。今度は農林水産省からクレームが来た。

『漆喰はぜいたくやき、補助金の対象外です』って言われて。けんどそこはやっぱり譲れん部分で。下を木でやって、上をガルバ材でやったりしたらちぐはぐでおかしいやんか」

補助金を減額されても漆喰を押し通した。

「補助金がもらえんかった分を入れて何千万円か負担は増えちゅうかもしれん。理事会でも意見が出たがよ。『なんでお前そこまでこだわるがな』と。『たかがユズの集荷場やいか』と。けんど、馬路へ来た人に、『なんや、こんなくで作りゆうがか』って思われたくないやんか。やっぱり『すごいね、行ってよかったね』と思われたいやんか」

年月を経るにつれ土佐漆喰は白さを増す。

「建設から20年やけど、きれいやろう。もちろん木と漆喰やきよねえ、メンテナンスはいる。それはいるけんど、馬路村に入ってきた人が村の景観にびっくりしたってときどき聞くがよ。景観を作るという面ではちょっとは役目を果たしちゅうと思う」

# 64――ゆっくり搾らな

2003(平成15)年完成の新搾汁工場で東谷さんが外観にこだわった背景は、「空気感」だった。教えてくれたのは宮崎県の綾町である。

「綾へ何回か行く中でねえ、ものすごく感じたのは綾へ入った瞬間に空気感が違うって思うたがよ。それは景色であったり、目に飛び込んでくるいろんなもので作られると思うけんど、この空気感というのは町づくりにとって大事なもんじゃないかなって思いよったがよ」

のちに東谷さんは村の入り口にある耕作放棄地を地権者と交渉して美しいユズ畑に変える。取り付け道路の擁壁は、コンクリート以外認めないと主張する県や国を説得して石積みにさせた。

外観以上に工場の中身にもこだわった。追い求めたのは「品質」だ。搾汁機を11台置いた。つまり搾汁ラインが11ある。

「5台でも搾れんことはないけんど、そうなると搾るスピードが速うなるやんか。皮の再利用も考えたらゆっくり搾らんといかん。ゆっくりと、1滴でも多く搾ったら農家のためにもなる」

搾る前にユズ玉のへたを取る機械も入れた。

「自分が設計して県外の機械屋に作ってもろうた。4台入れちゅう。ほかにもいろんな機械をいっぱい入れちゅうがよ。搾ったユズの皮を翌日までに乾燥させる熱風乾燥機と冷風乾燥機。乾燥させた皮を10ミクロンまで粉砕できる粉砕機。いかにホコリを立てずに粉砕するか、粒子の大きさをどうそろえるか、なかなか大変やった」

品質面で最大級の貢献をしているのがチラー（冷却水循環装置）である。

「加藤美蜂園の加藤禮次郎に教えてもろうて導入した。ユズって、搾った瞬間から発酵が始まるがよ。発酵したら品質がいかんなるき、搾ったユズ果汁を2重のパイプに流す。内側に果汁を流し、外側に低温のチラー水。充てんまでの間に約20度ある果汁温度を2～3度まで下げるがよ」

耐酸性の18・5リットル容器に充てんしたあと、冷凍庫に積む。

「冷やしてないと、凍結までに1週間から10日かかる。そのときに発酵する恐れが

▲東谷さんがこだわった安田川沿いの石垣道（馬路村）

あるがよ。事前に冷やしちょいたらその心配がない」

発酵を止めたユズを、自前の製品に使う。

「ユズのでき始めと完熟期では糖度と酸味が全然違うきねえ。収穫時期が違う果汁をバランス取りながら原料にせんといかんけんど、うちはそれができる。搾汁から保管、製造まで全部自分くでやりゆうき。そこが産地の強みやと思う。こんまいところに力を入れんと品質は保てんがよ」

全国大手はユズを買いたたけるが、馬路は逆。生産者からなるだけ高くユズを買わなければならない。半面、産地には一貫生産の利点がある。利点を生かして村全体の生き残りを図っている。

「農協の配当が年7％で、ユズ生産者にはほかに特別配当が1キロ70円ある。これ、大きいぜ。（搾汁用のユズ玉の）買い取り価格は1キロ150～170円やけど、それが220～240円になるわけよ。10トンくらいはみんな作りゆうき、年金と合わせたらなんとかやっていける」

一般の農協は委託販売が主流だが、馬路村農協は全量買い取り。農家にとっては相場の不安がない。

## 65 雑木の森こそ美しい

「ゆずの森」構想を始めたとき、東谷さんはユズの森を作るつもりだった。あることを契機にそれがコナラに変わる。ブナ科の落葉広葉樹で、日本の雑木林を構成する主要な樹種である。

「なんでコナラを植えちゅうかって言うたら、熊本県の黒川温泉へ行って、そこを立ち直らせた後藤哲也という人に会うたがよ。話を長いこと聞いて、『お客さんを呼びたかったら雑木を植えろ』と。それでコナラを中心に、あとはモミジとか、村の山にある木を集め始めたがよ」

後藤哲也さんは阿蘇山北方にある黒川温泉を全国屈指の人気温泉地にした立役者。岩に穴を穿《うが》って洞窟温泉を作ったほか、名前にちなんで黒を基調にした美しい温泉地を作りあげた。「黒川の父」「観光カリスマ」と尊敬され、2018（平成30）年に86歳で亡くなっている。

東谷さんが会ったのは新搾汁工場が完成した03（平成15）年ごろ。

「後藤さんの新明館へ泊まって、1時間以上話を聞いた。昔、黒川温泉は周りの山がスギやったがよ。それを切ってねえ。あとでみんなが後藤さんに倣《なろ》うてやりだしたけんど、景観から作ったわけよねえ。自分の旅館だけいいものを作っても人は来んやいか。やっぱり雰囲気を作らんと。そういうのを、みんながやったわけよ」

雑木の美しさを後藤さんは説いてくれた。

「まあ、自然の山みたいながやろうねえ。そのころ馬路でアジサイを植えよったがよ。そしたら後藤さんが『アジサイはいかん』って。クリはどうかと思うたら『クリもいかん』と言われて。クリは実を拾うのは楽しいけんど、紅葉がないわけよねえ。コナラはねえ、紅葉のときに黄色くなって、場所により、木により赤くなるわけよ。ものすごくきれい。葉っぱの形はクヌギと似いちゅうけんど、クヌギは全然色がつかんきねえ」

後藤哲也さんに刺激を受けた東谷さんは「ゆずの森」の一隅をコナラの森にしようとする。

「造園業者に頼んだら相当かかると思うて、自分で植えた。安芸のメリーガーデンの岡宗社長に『苗木を仕入れてくれ』ゆうて。350万円分ばあ買うたがよ。3～4メートルの大きな苗木を。小さい苗木やったら自分がおる間に森にならんやいか」

職員と一緒になってコナラの木を植えた。20年たった今、いい感じの森に育っている。

「コナラの木ってドングリがいっぱい落ちるやいか。あるとき、イノシシがドングリを食べに来てコナラの森の中を掘り回りゆう。これは大ごとになっちゅう思うて

▲コナラを中心に作った雑木の森（馬路村）

よ。焦って気がついたら夢やった。そればあドングリが落ちらあねえ」

後藤哲也さんは黒川温泉を黒で統一した。現地で黒の魅力を知ったとき、東谷さんは新搾汁工場を白の土佐漆喰で仕上げたばかりだった。

「搾汁工場を作るときはまだ後藤哲也に会うてないがよ。ほんで白にしたけんど、後藤哲也に会うたら黒になるがよ」

後藤さんの影響は大きかった。「ゆずの森」構想のメインを占める新ごっくん工場に、東谷さんは黒漆喰を取り入れる。農協の購買店舗も黒を基調とし、さらには新搾汁工場の下部も茶色から黒に塗り替えた。

# 66 安すぎてパニック

「ゆずの森」構想の中核は2006（平成18）年に完成する新ごっくん工場だった。ゆずの森加工場とも呼ばれるこの施設を造るとき、東谷さんは悩みに悩む。

「視察が多いきねえ、入り口を従業員とお客さんで分けることにして。エアーや水道、蒸気の配管も見えないようにして、でも点検しやすいようにして。外観にも内装にも木を使いたいしねえ」

なにより衛生面には気をつけた。

「時代はドライになっちょったがよ。3年前に造った搾汁工場はウェット。水で洗い流す。けんど湿気は菌も発生させるき、考え方を変えたがよ。ごっくん工場の方はできるだけ水を使わんことを考えて、何回も図面を引き直した」

東谷さんが工場の設計にかかわるのは4回目だった。旧搾汁工場の大改修を皮切りに、ごっくん工場、新搾汁工場の図面を引いてきた。

「三つも工場を造っちゅうき、これをちゃんと造れんかったら情けないと思うてねえ。お金がいっぱいあるわけやないけんど、必要な機械はいる。見積もりをしたら10億ちょっとになった」

全国大手を含む16社ほどが指名願いを出してきた。約10社に絞り、農協の2階で入札。

「入札箱から最初の封筒を取り出して、ハサミで封を切って中の金額を見たとき、頭がパニクったがよ。ええっ！って」

8億から10億くらいを考えていたのだが……。

「5が見えたがよ。5億9千何百万。安芸の小松建設やった。よっぽど取りたかったがやろねえ。次に安いのが8億円くらいやき、だいぶ開いちょった。村に報告したら『手抜きになりゃあせんか』って言われたけんど、公正な入札やし、なんの問題もない。まあ実際は多少の不安もあったけんど、えい工事をしてくれた。購買店舗の改修とか、小松建設とはその後も付き合いが続きゆう」

旧ごっくん工場の製造能力は、「ごっくん馬路村」の１８０ミリリットル瓶で毎分１００本。新ごっくん工場はそれを２００本にまで伸ばした。ほか、ペットボト

▲「ゆずの森」の中核、「新ごっくん工場」。黒を基調にした（馬路村）

ルやアルミ缶への充てんもできる。

「段ボールの組み立てとか、単純作業はロボットにした。本当は田舎に仕事を作らないかんけんど、単純作業はみんなやりたがらんがよ」

　東谷さんは仕事の創出を常に頭に置いている。特に女性に仕事をつくること。

「うちの母親らあの時代は土木作業やったがよ。次の時代は縫製になった。縫製工場が中国に行ってしもうてからは、農村には女性の働く場がない。うちの農協はコールセンターと荷造りを女性にやってもらいゆう。荷造りは男子でもできるけんど、女性の方が集中して働いてくれるき」

仕事を創出する鍵は通販である。自前で注文を受け、荷造りをするから仕事が増える。流通マージンが村内の雇用に回る。お金が村内で回る。

「何十人かの女性の雇用をつくれたことは、地域おこしに貢献できたのかなあと思う。月給が20万前後で、ボーナスが5カ月。前はもっと稼ぎよったけんど、働き方改革で残業せられんなったろう。稼ぎたい人には不満よねえ。少々働いてもメンタルに響いたりせんと思うけんど……」

## 67— 注文が受けれん!

新ごっくん工場が完成した2006(平成18)年、東谷さんは組合長になった。01(平成13)年に常務理事となった東谷さんは、翌02年から専務理事を務めていた。組合長に就いた06年度のデータを見ると、馬路村農協の組合員は358戸(うち正組合員340戸）で、内部留保に当たる利益準備金が22億円。常勤役員が3人、職員・従業員数は86人。

新ごっくん工場の完工で「ゆずの森」構想は終着に近づいた。10（平成22）年、化粧品工場の完成で構想は完了する。

「化粧品を自ら製造販売しゆう農協って全国でうちしかないがよ。化粧品はレベルが高いき、職員のモチベーションを維持するにはえいかなあ、と。化粧品メーカーは全国に8000社ある。ライバルが多いき、簡単に売れるもんやないけど」

レベルが高いというのは、製造許可を取るのが難しいということ。専門家を置き、品質基準や安全基準をクリアしないといけない。

激戦の化粧品業界に参入したきっかけは、1999（平成11）年ごろに起きたある事件だった。そのころ馬路村農協はユズの種を使って化粧水を作るキットを発売していた。ユズの種を焼酎に漬けると良質の化粧水になるのである。

「今でもよう忘れん。お歳暮の注文が始まる12月1日の午後3時40分から突然電話が鳴り出した。3時くらいの番組でやったらしいがよ」

あとで分かるのだが、TBSテレビから問い合わせがあって、オペレーターがユズ種の化粧水キットをＴＢＳに送っていた。それを使ってワイドショーがキットを紹介したらしい。

「電話が鳴りやまん。３日たっても、１週間たってもやまん。最初は喜んだけど、オペレーターに『売り上げ下がりますよ』と言われて気がついた。電話がふさがってお歳暮の電話が入らんがよ。お歳暮は１人が２万〜３万円注文することもあるけんど、化粧品のキットは千円やきねえ」

▲馬路村農協のアンテナ店に並ぶ化粧品（高知市南久保）

　７回線がすべてふさがって、お歳暮の注文を受けられないのである。困った東谷さんはＮＴＴに相談してプラス１回線分の電話代行を頼む。

「料金は高いけんど、仕方な

い。ワイドショーの視聴率は2％ばあやろうと思うて、買うてみたい人を1万〜2万人と推測した。それだけの電話を取り続けんとこれは収まらんなあと思うたら、その通りやった。年末までやって1万人強。それでも1千万円にしかならんがよ」

このとき東谷さんの頭にスイッチが入る。いつの日か化粧品業界に参入する、という構想だ。食品と比べて化粧品のハードルは高い。数年後、とりあえず県の薬務課を訪れた。

「いきなり『馬路村農協では無理です』って言われたがよ。『そういう話を聞きに来たがやない、作りたいき来ちゅうがや。前向きに話してくれ』って頼んで。それからちょっと前向きに話してくれるようになって。必要な手順を聞いて」

2006（平成18）年、室戸市のミューズに製造を委託してユズ化粧品の販売をスタート。10年、化粧品工場の完成を機に製造から販売までの一貫生産を開始する。

「最大の強みはユズという原料を持っちゅうこと。種にはオイルも含まれちゅうし、ユズの香りも花の香りもある。NHKのあさイチがオイルを取り上げてくれたときは一発で8千万円分売れた」

# 68 ― 種からモヤシは幻に

化粧品の製造販売まで手掛けるようになった遠因は馬路産ユズの特性にあるかもしれない。

東谷さんは「馬路のユズは搾汁率が悪い」と明かす。搾汁率が悪いと同量のユズ玉を収穫してもユズ酢になる量が少ない。必然的に農家の収入が少なくなる。果汁の少なさを補うため、可能なら皮も種も使いたいと試行錯誤を繰り返した。

「搾汁率はいいときで17%、11月後半になると12～13%。安田町の中山で聞いても、北川村で聞いても、安芸で聞いてもそんな数字はない。北川や安芸は多いときには20%あるきねえ」

搾汁率が低いということは、皮の部分が厚いということを意味している。

「製油の会社に『馬路の皮やったらなんぼでも持って来てえい』と言われたことがあるがよ。『油がよう出る』と」。皮が厚いのでオイルがよく取れる。香りもいい。

種については化粧品を手掛ける前にこんなことを考えていた。

「種からモヤシを作ったら大ヒットすると思うて、理事会の承認も取ったがよ。けんど職員が本気になってくれんかった。千トンのユズを搾ったら種が百トン出る。乾燥させせたら15トン」

ユズの種を暗所に置くと一斉に発芽する。モヤシやカイワレに近い物ができる、という発想だ。

「馬路では何にでもユズを使いよったきねえ。ユズを入れた調味液ですしを握りよったし、鍋にも使うたし、刺し身につけたら生臭さが消えたし。けんど高知スーパーで働きゆうときにはユズは売れてなかった。100ミリリットルと300ミリリットルの瓶に入った安芸のユズ酢を売りよったけんど、輸入レモンの方が売れよった。下手したらレモンが日本を制圧するがやないかと思いよった」

1989（平成元）年ごろ、東谷さんはユズずしのルーツを調べようとしたことがある。

「いつごろからあったろうかという疑問がずっとあって。文献を探しても載ってないき、長老に聞いたら分かるろうと思うて。当時100歳の清岡花代さんゆうおばあさんに聞いたがよ。そしたら『あてが生まれたときにはもうあった』と。花代さんは明治20年ごろの生まれやき、かなり古いころからあったと思うがよ」

ユズを売るためにはユズ料理を普及させせなければならない、というのは東谷さんの持論。

▲ユズ料理を手掛けた料理研究家、中村成子さん（馬路村）

「大歳（昌彦）さんと行った島根県の仁多町が、コメを売るために料理研究家を呼び込んじゅうわけよ。それが中村成子さん。中村さんにユズの話をしたら『ユズ大好き』ってゆうやいか」

家庭料理の第一人者とも言われる中村さんにユズ料理の本を作ってもらうことにした。

「何冊か本を買い上げるのが条件やった。３千冊くらいやったかなあ、農協が買い取ることで本ができた。その本がちょっと実践向きやなかったき、もう１冊作ってもろうた。中村さんは一昨年に亡くなったけんど、世話になった」

２冊が出たのが２００６（平成18）年の４月と10月。ユズずしはその後、馬路村農協で商品化した。といってもすしを売るのではなく、すしの素《もと》を開発した。ユズの料理を全国の家庭に普及させたい、と東谷さんは今も思っている。

「農協に入ったころ、なんでユズ酢が売れんかなあと思いよった。知られてないがよねえ。レモン果汁はテレビで宣伝しゆうに、ユズ産地にはそんな力はない。そんな中で日本の農協が頑張って、少しずつユズが普及した。馬路も幾らかは貢献できたと思う」

# 69 ― ミツカンに乗り込む

１９９０年代の終わり、馬路村農協の売り上げは順調に増えていた。加工品の売り上げが上がるにつれ、比例して必要になるのが原料のユズ。

「不足分を経済連から分けてもらいよったけんど、経済連の会合で『馬路にはもうユズ売らん』って言われて。『なんで？』って聞いたら『馬路の一人勝ちやいか』と。これは困ったと思うて」

お隣の安田町中山からはユズを分けてもらっていたが、それでは足りない。「山を削ってユズ畑を造ろうか」と考えていたときだった。

「安芸の農業改良普及所の担当に『ちょっと窪川行かんか？』と誘われたがよ。窪川町の役場に行ったら国営農地の農家が10人ばあ待ちよって、『ユズを作りたい、馬路で買うてくれんか』と。話ができちゅうやいかと思うてびっくりした」

広大な国営農地で馬路向けのユズを作るという話である。馬路に戻って農協の理事会で説明し、調印したのは２０００（平成12）年。

「『馬路は有機でやりゆう。全農家が認証を取っちゅうわけやないけんど、ほかの農家もそれに準ずる栽培をしゆう』と説明して。窪川の農家も馬路と同じ栽培をする条件で提携した。馬路と窪川の両行政が後押ししてくれた」

買い取り条件は馬路と同じ。馬路村農協が組合員と同じ価格で全量を買い取る。のちに梼原町からも申し出があり、同様の協定を結んだ。

やっかみなのか、03（平成15）年ごろから東谷さんの耳に「悪い噂が流されているぞ」という声が聞こえるようになった。馬路は韓国や中国産のユズを使っている、と。

噂の根っこが見えたのは06年11月だった。

「サニーアクシス南国店の店長から電話があって、『ミツカンのマネキン（委託販売員）が、馬路のぽん酢は韓国産のユズを使うちゅうと言いよった』と。ああ、ついに出たなと思うて」

ミツカンは愛知に本社を置くぽん酢や納豆のトップメーカー。その委託販売員がサニー店内で「馬路のぽん酢ユズは外国産」と宣伝していたらしい。客がサニーに

「ほんまかえ」と知らせ、店から東谷さんに伝わった。ついに尻尾をとらえた、と思った東谷さんは馬路村農協へ釈明に来たミツカンに抗議する。「会社としてかかわったわけではない」と逃げるミツカン幹部にたんかを切った。

「『もう帰りや、いろは丸事件になるぞ！』と。自分と一緒に対応した常務理事の中村良和さんには『いろは丸事件らあミツカンが知らんろう』と言われたけんど、自分としては『大きいところが小さいところをいじめよったら大ごとになるぞ』という意味やったがよ」

いろは丸は幕末、坂本龍馬ら海援隊の面々が操船していた蒸気船。瀬戸内海で紀州藩の明光丸と衝突、紀州側が多額の賠償金を払わされた。

「こっちとしては前々からそういう噂を振りまかれゆうきよねえ。この一回やないという思いがあって」。怒りが収まらない東谷さんは一人で愛知県半田市のミツカン本社に乗り込んだ。

「大蔵(昌彦)さんが『俺も行く』ゆうて来てくれた。一言もしゃべらんかったけど。ミツカンはピリピリやったねえ。1階の応接室みたいなところでクレーム担当の部長とあと2人くらいと話をして。こっちが『和解』を口にしたとたんに『社長を呼びます』となって社長と会うた」

1カ月後、馬路村農協にミツカン側が来て謝罪し、一件落着。その後仲良くなり、今では加工原料用の醸造酢をミツカンから購入するまでになっている。

## 70—数字から「感動」へ

馬路村農協にはゴミを出さないギフトセットがある。緩衝材にタオルを使い、立派な木箱に入ったギフト。誕生のきっかけは1998（平成10）年にさかのぼる。売り上げは順調に伸びていたものの、このころ東谷さんは迷っていた。

「何のために通販をやるのかが分からんなってきたがよ。物は売れるしよ」

物が売れることに疑問を持つ人なんて多くはないだろうが、東谷さんはそう思った。

「売り上げ、数字を追っていたら、何かちょっと違うなって。お客さんに何を伝えていくか、何を届けていくべきかと考えて悩みよった」

そんなとき、兄貴分の大蔵昌彦さんから1冊の本を送ってもらう。ホテルオークラ副社長、橋本保雄さんの「感動を創る」だった。

「それを読んで気づいたのが、『僕らの仕事は感動を届けることを目標にしたらえいがや』っていうこと。悩んで悩んで、目標がわからんなったときに出てきたのが『感動』やった」

大蔵さんに連れられ、東谷さんは東京のホテルオークラまで橋本さんに会いに行った。ホテルマンと通販には共通点があるように思えた。

「何年かして感動を届けるっていうことを頭に入れてギフトを作ったがよ。梱包《こんぽう》材がゴミにならないギフトってできんかな、と」

2002（平成14）年12月。四国タオル工業組合に頼まれ、愛媛県今治市へ車で行って日帰り講演した帰り道だった。もう深夜だった。

「しんどい思いで運転しゆうときによねえ、タオルを緩衝材にしたらどうかなと。タオルで商品が包まれちょったら、捨てるものもなくなるし、受け取ったお客さん

▲手作り木箱＋タオルの緩衝材＝環境セット（馬路村農協）

も喜ぶやないかって」

　馬路に帰り、早速試作した。

「タオル地を箱の底に敷いて、横へこう盛り上げて、緩衝材にして。そしたらねえ、超安っぽいギフトになったわけよ。きれいなギフト箱が、白いタオルとのバランスの悪さでよねえ」

　ならば、と安い箱に代えてみることにした。

「お風呂で使える白い安いタオルやきよねえ、それに見合うた箱にせんといかんと思うて。きれいなギフト箱をやめて、もう茶色の、普通の段ボール箱へ白いタオル地を敷いて、商品を入れた。それがねえ、なかなかよかった」

　最後に一工夫、お客さんへのアプローチ。

「メッセージを添えたがよ。ちっちゃい紙で。『お届けするお荷物からゴミを少なくできないかと考えました』みたいなメッセージ」

完成後、せっかくなら梱包箱も使えるようにしたいと考えた。ちょうど田野町の製材所が営業に来たので、杉の箱を作ってもらうことに。

「自分がパーツを図面に書いて。木のパーツは20ぐらいあった。箱にするのは農協の職員で、仕事の合間にくぎを打った。１００本ちょっと打たないかんかったき、手間はかかったけんど」

立派な木箱ができた。これなら長く使える。つまりゴミはゼロ。田野の製材所がなくなったこともあり、現在はユズ担当職員が製材も担う。

「馬路の製材所がやってくれんき、木を分けてもろうて、機械だけ借りて。手が空いたときに役職員が製材所へ行ってパーツを作りゆう。木の村やき、こんなギフトもないとおかしいろう」

現在は段ボール箱と木箱、２種類の環境ギフトを提供している。非効率だからこそ送る側の気持ちがお客さんに伝わることもある、と東谷さんは思う。

# 71 『ゆず』を呼びたい！

2005（平成17）年の12月22日、雪の降る夜だった。東谷さんは足首を折った。

発端はその8年ほど前にさかのぼる。

「ある日、横浜のお客さんから『横浜にもユズがありますよ』みたいな手紙が届いたがよ」

読むと、自分の2人の娘が「ゆず」にはまっていると書かれていた。

「『ゆず』という2人組がよねえ、横浜の松坂屋百貨店前で日曜夜の10時から路上ライブやりよって、それに人が集まっていますよって。同じユズやき、呼びに行かななあいかんと思うてよ」

東谷さんの行動は早い。まず役場に行った。

「100万円ばあ構えてくれんか言うたがよ。交通費と小遣いと。それだけあったら呼べるかなと思うたき」。日曜、東谷さんは羽田に飛んだ。東京の取引先に羽田空港まで来てもらい、夜10時前に横浜の松坂屋前へ。「もう200人ばあ若い女性が集まっちょって、街路樹の木へ登る人もおって、本人と接触できんくらいギュウギュウながよ」

マネジャーを見つけて話をしたのだが……。

▲北川悠仁さんと東谷さん（下）。左は上治堂司村長

「忙しいき、とてもやないけんどそんな余裕はないみたいな話で、あっさり断られてよ」

それであきらめる東谷さんではない。

「『ゆず』宛に『ごっくん』を送ったりとか、いろいろ飛んだり跳ねたりしよったわ。そしたら1、2年後に『ゆず』の事務所から電話がきて、『馬路でプロモーションビデオ作りたいき』って」

ビデオ作りには協力したが、『ゆず』は馬路には来なかった。来てくれないなあ、と思っているうちに『ゆず』は超のつく売れっ子になっていく。次々とヒット曲を出し、アルバムはミリオンセラーに。「なかなか来てくれないな」が「来れないだろうな」に変わり始めたころ。2005年の暮れだった。

「12月の冬至の日に『ゆず』は全国どこかでコンサートをやるがよ。当日にならんと場所を発表せんがやけんど、前日に連絡がきた。吉川村（現香南市）の天然色劇場で『ゆず』が冬至コンサートをやる、北川悠仁がそのコンサートのあと馬路へ行くって。『全部シークレットで、一切言わんようにしてや』っていうことで」

北川悠仁さんは『ゆず』の1人。

「本当に馬路へ来たがよ。タクシーで、1人で」

宴席をしつらえたのは天保年間に作られた「旧河平家住宅」。12月22日、上治堂治村長や東谷さんら馬路村側の6人と北川さんが囲炉裏《いろり》を囲んだ。

「当日はねえ、悪いことに高知へ大寒波が来て、雪が降ってねえ。馬路へ着くなり『寒い寒い』ゆうて。『とりあえず風呂入りや』って、温泉で温まってもろうて。とにかくちょっとぬくもってから、囲炉裏で火をたきながら、飲んだがよ」

楽しい酒だった。

「まあ何やらかにやら話したねえ。この村でコンサート開いてくれんかえっていう話もしたらよ、『無理ですねえ』って。『5千人入らないと会社はゴー出せません』みたいな話ながよ」

北川さんは午後10時にタクシーで帰って行った。東谷さんは残ったメンバーと零時前まで飲み、歩いて帰宅した。雪が積もっていた。

「舗装の横にちょっとへこんだ窪地があって、その窪地へ足入れて、足ひねって体が宙へ舞うくらい吹っ飛んだがよ。それでよう動かんなって」

足首を骨折していた。一晩家で我慢し、翌日病院へ。年末年始なので手術ができず、ギプスをして治す。誰に聞いたのか、北川さんから病院に花束が届いた。

## 72 満を持し「ゆずの村」

安田川をさかのぼって馬路村に入ると、対岸の大看板が目に入る。「ゆ」「ず」「の」「村」。お目見えしたのは2020（令和2）年。22年3月末の組合長退任を前に、東谷さんの決断で立てた。

立てるまでには若干のためらいがあった。

「林業の村でありながら農協が勝手に『ゆずの村』って打ち出してえいがかなあと。けんど、もう『ゆずの村』ゆうてもえいろうと思うて……」

職員時代から一貫して東谷さんはユズに力を入れてきた。栽培にも力を入れ、必死で販売し、求道者のように新製品を考え続けた。「ごっくん馬路村」にしてもぽん酢しょうゆにしても、東谷さんは誰にも相談していない。一人で責任を背負い、一人で黙々と開発した。農協の業績アップだけではなく、ユズで村づくりを図ろうとした。

▲東谷さんが描いた「ゆずの村」の大看板

とはいえ馬路村の村是は林業立村である。100年以上も昔から林業の村として生きてきたし、魚梁瀬の美林が生む経済的繁栄も享受してきた。村内に営林署が二つあり、全国屈指の森林鉄道網が谷に延びていた。製材所もたくさんあった。林業関係の雇用は多く、村内はにぎわっていた。

実は農協も林業に助けられていた。

「農協が製材を持っちょったがよ。もうけよったぜえ。僕が農協に入ったときの冬のボーナスは7カ月分やったき。その利益はほとんどが製材やった。製材がもうけゆう間は農協はそれで食えるなあと思うたけんど、そうはいかんかった」

原木の枯渇などで製材所の採算は悪化した。1998（平成10）年、東谷さんは組合長に呼ばれる。当時、東谷さんは営農販売課長だった。

「『製材所を閉鎖しようと思うけんど、従業員をユズで何人受け入れてくれらあ』って言われて。あまりにも唐突やったき、びっくりした」

製材部門の人数は10人余り。ほとんどが男性だった。製材のプロ、熟練工だ。

「自分は『皆かまんぜ』って答えたがよ。全員に仕事を作れるかという不安はあったけんど、農協の大問題やき何とかせんといかんと思うて」

製材部門の賃金が高かったので、いったん退職してもらったあとユズ工場で雇用した。

もう一つ、森林組合と農協が50％ずつ出資した林材加工協同組合にも製材所があった。こちらの製材は森林組合が運営していたのだが……。

「ある年、7千万円の赤字が出て立ちいかんゆうて言われて。これは参ったなあ、と」

2008（平成20）年のことだった。東谷さんは農協の組合長になっていた。農協は7千万円を寄付し、林業から完全撤退する。

「製材にかかわってきた農協やけんど、そこから手を引いてユズ一本でいくええ夕イミングやった。総会では誰からも異議は出んかった」

林業の衰退をユズが補う象徴的な出来事だった。気がつけば「林業立村」を口にする人もいない。それを踏まえ、満を持して作ったのが「ゆずの村」の看板だ。鉄板を特注し、節約のため東谷さん自らペンキで文字を描いた。経費は70万円。「外注したら300万ばあかかるがやないろうか。大きいぜえ、けっこう」

林業の村からユズの村へ。大転換をこの看板が象徴している。

## 73 ― 繁栄祈ってゆず神社

2021（令和3）年、東谷さんは「ごっくん工場」の前に「ゆず神社」を建立した。ご神体はユズの古木から掘り出したゆず神様。どんな姿形をしているかは誰も知らない。

▲おそらく全国唯一の「ゆず神社」（馬路村馬路）

「ユズに関わりゆう人の安全祈願のために作ったがよ。『ユズで永遠に馬路村が繁栄するように』という願いも込めて。スマホで神社建立のやり方をいろいろ調べて、農協でもいろいろ議論して、作っても問題ないことを確認して作った」

　建物と鳥居を建築し、神職に祭祀を行ってもらって創建を果たした。実は1994（平成6）年に朝日農業賞を受賞したとき、東谷さんは農協理事会で「ゆず神社建立」を提案して却下されていた。四半世紀を経てその願いが実現した。

　約40年前の85（昭和60）年、高知県内には97の農協があった。東谷さんは「農協間格差があって、馬路より弱小だったのは自治体レベルでは2村の農協だけだった」と振り返る。農協数は、今ではわずか4。早々に行き詰まるとみられていた馬路村農協がその中に入っている。

残っているだけではない。全国屈指の「強い」農協として名をとどろかせている。鍵はユズだった。農協の生き残りをかけ、東谷さんは必死で知恵をめぐらせた。消去法で選んだのがユズであり、可能性を見つけたのがユズの加工だった。

２０２２（令和４）年3月の退任前、東谷さんは農協にユズ作りの理念を掲げることにした。

「これが最後の仕事かもしれんと思うて、辞める直前に作ったがよ。役員会とユズ部会で承認をもろうて。できた理念は、『美しいユズ畑をつくり、きれいでおいしいユズをつくろう』。農産物づくりの理念を作っちゅう農協らあないと思う」

この連載が終わるに当たり、東谷さんは農協の経営に関する自分なりの思いを文章にした。

農協合併がとめどなく続いている現状を踏まえ、東谷さんはこう書き起こす。

〈（農協は）自ら収益を生む仕組みがないから、省力化や合理化しか道が開けてい

ない。金融で稼げた時代から販売手数料を低く抑えてきたツケが合併へと向かわせているようでならない〉

農協は金融事業の利益で経営を行ってきた。販売手数料の低さが象徴するように、真剣に農産物販売と向き合ってこなかったということだ。

〈農協自らが（農作物を）買い取り、有利販売することを行わなかった。農協の役職員は市場しか見ていなかった。その向こうにいる消費者を見ていたらもっと別の売り方があったと思う〉

文章を読み上げたあと、東谷さんが言った。

「加工品にしても、原料は農産物や水産物からできるわけやきよね、市場に出荷するだけではなしに、そういうものを使って日本各地の農村で、食品企業として農協が成長していったとしたら、合併へ進む必要はなかったんじゃないかなあ」

馬路村農協は試行錯誤を繰り返した末、ユズの加工品で生き延びた。だからこそ言える。

「金融で経営を支えれんなってきたら、もう合理化しかない。多くの農協は最悪のパターンを歩みゆうがやないかな。逆の例が馬路村農協よねえ。ユズしかないっていう、もうただそれだけで百人くらいの職員従業員を抱えちゅうきねえ」

馬路村のユズ加工品はアイテム数で90余り。代表格が「ごっくん馬路村」だ。通販で、スーパーで、きょうも「ごっくん」が全国に流れている。

# あとがき

東谷望史

依光さんから本のあとがきを書いてくれと頼まれて数日がたっていた。「何をポイントに書けばいい？」とメールしたら「一番伝えたかったことを」と返信が来た。

うーん？　悩みに悩んだが、一番記憶に残っていることを書くことにした。昭和末期から平成初期にかけて東京・池袋の西武百貨店本店で開かれた「日本の１０１村展」のことである。

「日本の１０１村展」に参加していなかったら現在の馬路村はなかったかもしれない。ポスターのメッセージやイベントの独創性はずいぶん参考にさせてもらった。あとから分かったが、かの有名なコピーライターの糸井重里さんが西武の堤清二社長と直結で作り上げたイベントだったらしい。

開催時期は、都内に人がいなくなる4月末から5月初めのゴールデンウイークだった。元気な日本の町村を集め、東京に居残っている都民を池袋西武に呼ぼうという企画である。そのための予算も堤社長の肝いりだったと聞いた。

馬路村農協が「101村展」に参加希望の手を挙げたのは開催初年の昭和61年（1986年）である。選考に当たっては西武百貨店の担当者が参加希望町村まで足を運んで調べていた。高知県からは県西部の十和村も手を挙げていた。

選ばれたのは十和村だった。十和を流れる四万十川は、日本最後の清流として3年前のNHK特集で全国放送されていた。四万十川エリアが急速に脚光を浴び始めていた。

無名の馬路村は落選だった。残念、悔しい、がっくり。舞台にすら立てなかったために東京進出の機会を失ってしまった、と感じた。

1年後の昭和62年、再び開催情報が入った。なんとか選ばれたいと思い、高知西武（当時は「とでん西武」）の方に頼んだり、いろいろと手を打った記憶がある。

それが功を奏したかどうかは分からないが、参加がかなった。まちおこしや村づくりに熱い思いを持っている全国の町や村と同じ土俵に上がり、特産品の販売合戦に参加できる。そのような町村の人たちと直接触れ合うことができる。喜びは大きかった。馬路村の産品や人の元気さを量る上でもいい機会だと考えていた。

村に相談すると職員を1人手伝いで出張させてくれることになった。会場は広く、ユズ商品をたくさん並べても5坪ほどが空白になる。馬路村森林組合に声をかけると「行かない」と言われ、自分が木工品を預かっていくことにした。

県内のイベントや高知西武の地下食品売り場で見に着けたノウハウを2トントラックに満載し、私は池袋に乗り込んだ。

秘密兵器はユズ入りの田舎寿司、別名「馬路寿司」である。イートインコーナーで馬路寿司をつくる農協女性部の女性たちを帯同した。1週間以上も家庭を留守にするわけだから、家族の理解や本人の心意気がないと一緒に行ってもらえない。池袋まで行って馬路寿司を作ってくれた女性たちには今も感謝している。

以後、何度も参加した「101村展」で馬路寿司コーナーは常に大人気だった。ユズのにおいが会場全体に漂った。

馬路寿司といってもイメージが沸かないだろうから簡単に説明しておこう。普通の寿司飯は醸造酢や砂糖、食塩、うま味調味料などで作る調味液をご飯に混ぜるが、馬路寿司は調味液にユズ酢（ユズ果汁）を加える。量的には1升のお米に対してユズ酢と醸造酢を半々で計1合くらい。ショウガと乾燥ちりめんじゃこを小さく刻み、調味液と一緒に炊き立てご飯に混ぜれば寿司飯の出来上がり。人によっていろいろとアレンジを加える。

その寿司飯に、煮付けたニンジンやシイタケをゴマと一緒に混ぜ合わせると馬路寿司のちらし寿司となる。田舎寿司タイプは味付けしたタケノコの淡竹《はちく》に寿司飯を詰めたり、味付けしたシイタケやミョウガ、こんにゃく、リュウキュウ（ハスイモの茎）でにぎり寿司風にしたり、玉子巻やのり巻にしたり。それらを彩り豊かに盛り合わせる。

ユズ酢を使った本物のユズ寿司が東京でふるまわれたのはこの「101村展」が初めてだったと勝手に思っている。このときのお客さんの反応からユズ寿司は日本を制すると思って取り組んだが、まだそこまでには至っていない。ただ、馬路寿司の素というのを馬路村農協で商品化し、好調に売れている。

「101村展」には馬路村から総勢4人で出張し、現地で4人の臨時販売員を雇った。お金をかけすぎると赤字になる心配があったが、目的は通販顧客数が空白に近い東京市場の開拓である。まずはユズを知ってもらおう、食べてもらおうとした。

成果が出るのは早かった。馬路に帰ってすぐにユズ酢や希釈タイプのユズジュース、発売したばかりのぽん酢しょうゆ「ゆずの村」への注文が入り始めた。なにより全国の町村と同じ土俵でのイベントに楽しさや元気さをもらった。

まちおこしの先駆者、北海道池田町の十勝ワインはもうすでに全国ブランドになっていた。目の前の売り場は新潟県の高柳町で、開通した上越新幹線で毎日高柳から交代の人が来てにぎやかだった。

「101村展」には大きな行事があった。産品コンテストである。食品、海産物、畜産物、非食品の各1位に10万円、総合1位には101万円の賞金が出た。各町村2品目まで参加でき、どの町村もこぞってエントリーした。

私は希釈タイプのユズジュース「ゆずの園」を出した。50人の審査員の前で村を紹介しながら熱く語ったが、賞には入らなかった。みんなが狙うから競争率は高いし、西武百貨店が扱いたいと思うくらい洗練されていないと無理だった。

翌年、昭和63年のゴールデンウイークも東京・池袋の「101村展」に参加した。

せっかくの大型連休なのに家族はほったらかしである。「101村展」が続く間、この時期は東京に通い続けた。家族は文句一つ言わなかった。

神様は努力を見てくれていたのだろう、昭和63年の「101村展」でぽん酢しょうゆ「ゆずの村」が総合1位の大賞に輝いた。馬路村農協が初めてもらった栄冠だった。うれしかった。101万円の使い道は、考えに考えてオフィスコンピューターを導入した。

数年後、第1回に参加したあと参加しなかった十和村の担当者に会った。なぜ参加しなかったのかと問うと、「売る物があまりなかった」と言っていた。しかし馬路村もユズしかなかった。ユズしかない村で辛抱し、続けてきたからこそ30億円の産業と100人の雇用が生まれたと思っている。

一つ付け加えると、私の熱意だけは誰にも負けなかったと思う。

◇

当時とは時代背景はずいぶん変わりました。地方に人がいなくなり、代わってIターンやふるさと応援隊の方々が活躍できる時代でもあります。

農地も荒れているところが多くなりました。都会暮らしは便利ですが、田舎には田舎のよさがあります。高知には田舎がたくさんあります。ぜひ田舎暮らしも考えてみてください。そうそう、ぜひ馬路村に遊びに来てください。馬路温泉もあります。清流・安田川にはアユもいます。自然の中で命の洗濯ができますよ。

（２０２４年5月）

# 東谷さんは逆を見た

元高知新聞、朝日新聞記者　依光隆明

この本の元となる高知新聞連載「村を作りかえたごっくん男――馬路村農協前組合長　東谷望史物語」を誕生させたのは、高知新聞編集局長の山岡正史氏である。

私は２００８（平成20）年11月末に高知新聞を退社し、翌月に朝日新聞へ移った。朝日新聞を退社して高知に舞い戻ったのは２０２２（令和４）年の3月末日。ちょうど同じ日に東谷望史さんが馬路村農協を辞めていた。東谷さんは数々のユズ加工品をヒットさせ、「馬路村」の名を全国津々浦々まで広めた著名人である。その東谷さんが組合長を勇退する。高知新聞としてはぜひ彼の一代記を紙面に載せたい。そうだ、ちょうど高知に帰ってぶらぶらしている奴がいる。と、山岡氏は気づいたと私は想像する。山岡氏から東谷さんの聞き取りを頼まれたのは２０２２年の夏。

氏の思惑通り、さして忙しいわけでもなかったので承知した。

東谷さんからの聞き取りは魅惑の時間だった。東谷さんの経験、発想、行動すべてが新鮮だった。聞き取りを進めながら、馬路村農協の40年と県内農協組織の40年が重なったり離れたりした。40年前、東谷さんは馬路村農協のベクトル（考え方の方向）を少し変えた。組合員利益と農協の生き残りを考えるうち、結果的にベクトルの向きが変わったのだと思う。ちょっとしたベクトルの違いがやがて大きな相違となっていく。

高知県内の農協組織はがむしゃらに単一農協化を推し進め、２０１９（平成31）年１月に高知県農業協同組合（ＪＡ高知県）を誕生させた。組合員数約8万8千人、合併当時の販売取扱高は全国2位（２０１９年度は６８９億2千万円）という巨大農協である。参加しなかったのは3農協だが、その一つが馬路村農協だった。

馬路村農協は合併の必要性を認めなかった。同農協の組合員は３２３戸・５３１人（２０２１年3月末）。組合員数だけを見ると、ＪＡ高知県の１６６分の1である。しかも林野率96％という条件不利地に立地している。スケールメリットや効率を考えれば合併しかないはずなのに、なぜ合併を拒否できたのか。鍵は東谷さんの考え方にあった。

弱小農協を生き残らせるため、20代から30代にかけて東谷さんは考えに考えた。使えそうな素材はユズだけだった。しかしお隣の北川村と比べるとユズの質はよくない。玉で出荷したらお金になるのだが、きれいな玉ができるほど手をかけられないのだ。「いいユズ玉を作ろう」と呼び掛けたものの、笛吹けど誰も踊らず。仕方がないのでユズ加工品の開発に手をかける。農協内に理解者はいないから一人で実験し、一人で開発した。

東谷さんの言葉で最も印象的だったのは「一人でやると決めた」である。会議ではものごとは決まらない。仲間も見つからない。要するに、できる条件を待っていては何も進まないのである。東谷さんは自分の気持ちを吹っ切った。「一人でやる」と。一人で考え、一人で責任を負い、一人で行動したからこそ次々とヒット作を生み出すことができた。

組織の合意に労力を使わないから決断も行動も早い。デパートのイベントに参加する中で通販の可能性を知り、お客さんとの会話でユズの可能性を知った。消費者へ直接ユズ酢を売ろうと考え、自分で梱包用の木箱を作り、手紙を書き、細々と通販を始める。通販アイテムのユズ加工品は徐々に増やしていった。「ごっくん馬路村」などのヒット商品が誕生したあとも通販重視の姿勢は変わらなかった。大きな流通業者が「取り引きしてほしい」とやって来ても乗らなかった。当時、飛ぶ鳥を落とす勢いだった「灘神戸生協（現在のコープこうべ）」ですら袖にした。流通に載せると売り上げの半分近くがマージンで消える。通販には通販なりのコスト（オペレーター、宣伝物、梱包コストなど）がかかるが、それにかかったお金は村内あるいは県内で回る。県外に流れていく流通マージンとは全く違う、という判断だった。意表をついた発想に見えながら、理屈は通っている。やがて断り切れずに流通へも乗せるが、今も基本は通販に置いている。

商品づくりの特徴は「少量多品種」だ。汁も皮も種も、生産されたユズを余さず使うために加工品の種類は増えた。多種多彩な加工品を生産するには人手が要る。雇用は徐々に増やした。いわば合理化の逆を進んでいった。人口775人（2024年5月）の小さな村にあって、農協で働く人は100人に達している。今や農協立村と言っても誇張ではない。

全国の農協はスケールメリットと合理化を追求した。農業資材の安価な供給や営農技術の普及・向上にスケールメリットは欠かせない。帰結が合理化と合併である。たとえば大規模合併で誕生したJA高知県は郡部のJAストア（エーコープ）を予想以上のスピードで閉鎖していった。馬路村農協はその対極である。人口800人弱の村内にJAストアは2店舗を維持し続けている。「人ができないこと（重い物を運ぶ等々）だけを機械がやる」という思想で村に仕事を作り続けている。

「飛んだり跳ねたりしてやってきた」と東谷さんは振り返った。弱小農協が一夜にして優良農協になったわけではない。半世紀にわたって「飛んだり跳ねたり」しながら道筋を作ったのである。最初の聞き取りは2022年の8月18日だった。以後、聞き取り時間は100時間近くに達した。私が馬路に出向き、おなかが空いたら二人で菓子パンを食べながら聞き取りを続けた。メモを取る手が疲れたときは「ごっくん」を飲んで休憩した。永遠に終わらないのではないかと思えるほど東谷さんの話は盛りだくさんだった。

◇　◇

この本の表紙は〝馬路村丸ごとデザイナー〟の田上泰昭氏が自らデザインを申し出てくれた。気づく人は気づくだろうが、田上氏の筆致（つまり馬路村の商品デザイン）を見慣れた人には親しみを感じる意匠になっている。東谷さんもお気に入りのデザインである。

（2024年5月）

## 依光隆明（よりみつ・たかあき）

1957年高知市生まれ。1981年高知新聞に入り、2001年高知県庁の不正融資を暴く「県闇融資報道」取材班代表として日本新聞協会賞を受賞。社会部長を経て2008年朝日新聞に移り、特別報道部長など。2012年福島第一原発事故に焦点を当てた連載企画「プロメテウスの罠」の取材班代表で再び日本新聞協会賞を受賞。共著に『黒い陽炎―県闇融資究明の記録』（高知新聞社）、『プロメテウスの罠』（学研パブリッシング）、『「知」の挑戦本と新聞の大学I』（集英社新書）、『レクチャー現代ジャーナリズム』（早稲田大学出版部）などがある。

## 東谷望史（とうたに・もちふみ）

1952年高知県馬路村生まれ。高知中央高校卒業後、1971年高知スーパー入社。1973年Uターンして馬路村農協に入る。営農販売課兼営農指導員などを経て1983年営農販売課長。2001年常務理事になり、翌年専務理事、2006年組合長。ユズに活路を見つけ、ユズドリンク「ごっくん馬路村」（1988年）やぽん酢しょうゆ「ゆずの村」（1986年）などのヒット商品を世に出す。人口800人弱の村に生んだ雇用は約100人。朝日農業賞（1994年）、地域づくり総務大臣表彰大賞（2010年）など受賞歴多数。2022年組合長を退任、現在はユズ農家兼自伐林業家。

ないないづくしからの逆転劇
# ごっくん馬路村の男。

2024年 7月31日　初版発行
2024年12月10日　第2刷発行

著　　者　依光 隆明
発 行 人　木村 浩一郎
発行・発売　リーダーズノート出版
〒171-0021 東京都豊島区西池袋5-12-12-801
電話：050-3557-9906　FAX：03-6730-6135
https://www.leadersnote.com
装　　丁　田上泰昭
印 刷 所　株式会社平河工業社


ISBN 978-4-910805-21-4　C0095